有鍋就能煮

嘖嘖料理手帳 zeze——著

序／preface

結合食譜和貓寫真的一本書，期待你會喜歡

一本由加菲貓監督、人類來完成的料理食譜書！我的上一本書，寫的是蛋料理，當時親友看到便問：你要出系列叢書嗎？「幸好冰箱有菜」、「幸好冰箱有肉」... 我聽了也覺得有趣，只是沒想到蛋料理是系列叢書的第一集，卻也是最後一集，原因很簡單，蛋是我最喜愛的食材，目前我想為單一食材寫的只有它，而這本「有鍋就能煮」，寫的是我最日常的一面，也可以說，裡頭的菜色便是我家的餐桌風景，使用熟悉的食材，做出不一樣的鮮鹹美味。

在書寫每一料理的同時，我更希望傳達出烹調的本質與邏輯，而非單單一套做法，好比說，「乳化」是鮮甜白湯底的成因，而油脂就是乳化的必要存在，同理，要煮出奶白色魚湯，把魚油煎過後再煮，最容易達成目的，另外，大家都說鹽可以使肉類去腥，這種說法從哪來？把鹽撒上去只是調味，在前置處理時先塗鹽、後靜置，才能達到去腥效果，其他像是鮮蚵怎麼洗？炸粉為什麼要混合？滷味要泡一夜才入味？照燒醬汁如何醇厚明亮？在我製作每一道料理時，都會寫上原因，每一個關鍵，都可能在日後的百道、千道料理上可以應用到最後。家貓的出現，最要感謝粉絲們不遺餘力的許願，以及編輯的信任和熱忱，人家常說，食衣住行寵物，食譜中有貓，似乎也就說得通了。

我整理了一年多以來，數以千張的噗醬照片，再從這些照片中挑出十數張放入書中，因為沒有先例可循，我們只能邊做邊改，照片拍了棄、棄了拍，一個小頭像也換了幾回，最後產出了這本結合食譜和貓寫真的書，很特別，我很喜歡，希望你也會喜歡。

Contents

有鍋就能煮
瓦斯篇

🍳 | 煎 | 炒 | 鍋 |

分鍋具

❶ 平底煎鍋

又稱為平底鍋或平煎鍋，由於鍋底是平的，適用於大多數的爐具，同時也是最廣泛使用的一款鍋具；一般來說，平底鍋會設計單手柄以方便翻炒，有些特殊用途的平底鍋，如海鮮燉飯鍋則會有雙耳鍋柄，煮好後可以直接端上餐桌。

❷ 深炒鍋

深炒鍋本質上與平底鍋相同，不同處在於其鍋緣更深，適合大量食材的煎炒，或者燉煮類的料理，深炒鍋普遍偏重，因此通常是一柄加上一耳，或者是雙耳的造型，在本書中我將兩者的料理歸類在一起；另外還有一種深炒鍋為弧形鍋底，又稱為中式炒鍋，它無法使用在某些無明火的爐具上，例如 IH 爐。

❸ 湯鍋

顧名思義，此款鍋具的用途為湯燉煮，可用於湯鍋的材質不少，像鋁製的日式雪平鍋，不僅導熱快，重量也非常輕，煮東西很好用，不過它不耐酸性物質，使用上需注意。

❹ 壓力鍋

壓力鍋是藉由提昇鍋內壓力，達到快速烹調的一種鍋具，大致上可將燉煮時間縮短為三分之一（隨食材、鍋壓和燉煮時間而不同），省時間也省瓦斯，現在的壓力鍋都有防呆機制，鍋內存有壓力時無法打開，可以放心使用。

通電鍋具：另外，本書中有使用電鍋、蒸爐、電子鍋、烤箱和氣炸鍋；電鍋和蒸爐的用途基本相同，差別在於蒸爐可以調整溫度和蒸氣多寡，進行更精準的操作；電子鍋用途為炒飯，而且電子鍋本質上改變了過去電子鍋的加熱方式，升溫快，溫度更穩定，也意味著能夠煮出更口感好吃的米飯；另外，氣炸鍋就是有熱風模式的烤箱，利用熱風循環讓食物產生更酥脆的效果，屬於烤箱的一種，在書中我將兩者放在同一個章節裡。

依類型區分

有塗層的鍋具

❶ 不沾鍋

我將不沾鍋定義為有化學塗層的鍋具，意指鐵氟龍（PTFE）或含氟塗層的鍋具，雖然今日有許多替代材質，如陶瓷、鈦合金等，但不沾效果仍無法取代鐵氟龍鍋，此類鍋具最大的風險在於塗層脫落後，達一定溫度便會釋出有害物質，切記不能空燒（溫度上限約攝氏 260 度），使用上應視不沾鍋為消耗品，當塗層脫落、出現明顯刮痕時就應該換鍋了。

❷ 陶瓷鍋

陶瓷鍋是最常用來取代不沾鍋的鍋具，「陶瓷」泛指各種可塗佈於鍋具表面的無毒礦物材質，耐溫可達攝氏 400 度以上，比不沾鍋更安全，不過陶瓷鍋的不沾效果，是來自於縮小鍋具表面毛細孔，無法達到實質意義上的「不沾」，要注意的是，許多市面上標榜陶瓷材質的鍋具，其實是陶瓷混合化學塗料，購買前最好先了解清楚。

❸ 琺瑯鍋

琺瑯鍋外型好看、保溫性強，是近年很紅的一款鍋具，琺瑯是一種玻璃質塗層，內部通常是鑄鐵材質，這也就是為什麼琺瑯鍋總是那麼重了，雖然琺瑯硬度高又耐高溫，但受到撞擊仍然會脫落，所有含塗層鍋具都應該避開尖銳物品，若琺瑯破裂造成內部鑄鐵生鏽，就不建議再繼續使用。

無塗層的鍋具

❹ 鐵鍋

市面上鐵鍋產品名稱很多，有生鐵鍋、鑄鐵鍋、熟鐵鍋和碳鋼鍋，其差異在於含碳量不同，使用方式沒有不同，鐵鍋不沾的原理來自萊頓弗羅斯特效應（Leidenfrost effect），簡單的說，鍋具在高溫下會和食材之間隔著一層水蒸氣，進而達到不沾，因此使用前要先燒熱鍋具再下油潤鍋，另外使用完後記得燒乾上油，才能避免生鏽，與其他鍋具相比稍嫌麻煩，但如果能養成好的習慣，它不僅材質安全，而且幾乎不需要更換。

❺ 不鏽鋼鍋

不鏽鋼鍋是我最常使用的鍋具之一，它沒有塗層問題，而且保養容易，使用完刷洗乾淨就可以放著晾乾了，缺點是導熱較慢，而且遇到雞蛋這類食材易沾黏，若要達到不沾的狀態，必須跟鐵鍋一樣先燒熱鍋具。

❻ 陶鍋

陶鍋的導熱非常緩慢，表面毛細孔大，易黏鍋，並不適合煎炒，但由於其極佳的蓄熱能力，非常適合燉煮料理，一般是製成炊飯鍋或湯鍋，用它做出來的料理味道很棒，煮火鍋更是別有一番風味，建議家中可以準備一只適合全家人食用大小的陶鍋。

常見的鍋具還有鋁和玻璃材質，鋁製品有在前文中說明了，還有一種陽極氧化鋁，比鋁鍋更加安全，玻璃也是是安全材質，不過需留意其溫差範圍，不要做過大溫差的操作，例如冷凍後立刻直火加熱，以免發生爆裂危險。

依材質區分

現代製作鍋子的材料非常多元，許多都使用了複合層材質，為的是增加導熱性和蓄熱能力，而最關鍵的外層材質，它影響的是食材的沾黏程度，以及是否耐刮、安全，因此我將鍋具依照塗層的有無來作區分，希望能讓大家更了解自己手上的鍋具特性。

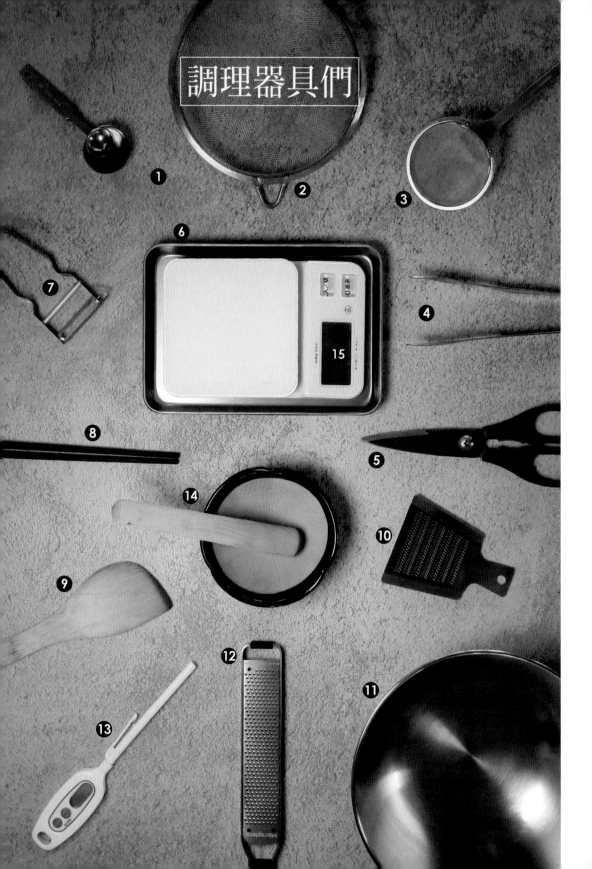

調理器具們

不能沒有的調理器具

曾經有一位外國的朋友問我為什麼用木筷炒菜，我呆了一下，原來一個再自然不過的習慣，對其他人而言卻非常獨特，下面我整理了幾種常用器具，以及擁有它們的理由。

❶ 量匙

書中的食譜用量，都是依照標準量尺來測量，1 大匙等於 15ml，1 小匙等於 5ml。

❷ 濾網

平時汆燙食材、煮麵或者是油炸時，都會需要一支濾網。

❸ 泡沫撈勺

這是一種編織很細的濾網，用來撈除熬湯時表面的浮沫，只要我那一餐有煮到湯，幾乎都會用到它。

❹ 不鏽鋼夾

可以用來夾取鍋中的食材，幫助翻炒，裝盤時也需要它。

❺ 廚房剪刀

許多時候它比廚刀來得更方便，剪刀需分為廚房專用與日常使用，才不會有衛生上的問題。

❻ 備料盤

養成使用備料盤的習慣，在處理食材時分門別類，可以讓料理過程進行的更順暢，備料盤最好買同款的，方便重疊收納。

❼ 削皮刀

如果家中沒有削皮刀，第一可能是刀工很好，不然就是很喜歡帶皮料理了。

❽ 木筷

跟夾子用途類似，另外炒菜時也是很好用的工具，相對木鏟來說，木筷更容易撥散食材。

❾ 木鏟

可選擇竹製材質，價格低廉且不會傷到鍋具，我通常會準備兩支以上的木鏟，在烹煮多道料理時會方便許多。

你還會想要的調理器具

當上面的器具都添購的差不多後，接下來你可能還會想要這些，料理是一件愉快的事，別因為缺了些小器具，影響自己的步調，侷限住自己能做的東西，該購入就不要猶豫了！

❿ 磨泥器

有些事情是廚刀做不到的，例如磨泥，擁有一個磨泥器，能做的料理又更多了。

⓫ 調理盆

雖然也可以用一般的碗來裝東西，不過當你有了非常輕的不鏽鋼調理盆後，就不會想再用笨重的瓷碗來裝食材了。

⓬ 檸檬刨刀

可以用來刨果皮或是起司絲，不常使用，但需要它的時候又無可取代。

⓭ 溫度計

溫度計或許不是家庭中會準備的廚房器具，不過炸東西、煎牛排，缺的永遠都是那只溫度計。

⓮ 研磨缽

可以將食材搗碎或磨成泥，我最常用的情況，通常是做滷包時用它來搗碎香料。

⓯ 電子秤

書中有許多以重量計量的食材，需要使用電子秤測量，如果平時有在烘焙，那就真的需要一個了。

調味料們

不只是柴米油鹽

1 油

食譜中未特別標示的食用油，大多是使用橄欖油，有些風味強烈的油會改變料理味道，像是苦茶油、花生油等等，使用上需注意；另外，炸油請選擇發煙點高的油種。

2 鹽

鹽能夠帶出食物的味道，各種鹽皆有其特性，例如粗鹽用來做鹽封，片鹽可沾食肉類或烘焙使用，調味上應避免使用的是精鹽，一罐好的海鹽，使用時不應有死鹹感。

3 香油

書中標示的香油，為 100% 的純芝麻油，並非混了沙拉油的香油，台灣的黑麻油一般採重焙，顏色非常深，點香味道過於強烈，日本或韓國產的芝麻油，比較容易找到中淺焙的芝麻油。

4 砂糖

本書中的砂糖都是指白砂糖，能夠增加料理的甜味，在某些料理中，換成精緻度較低的黃砂糖，可以讓風味更豐富。

5 白醋

白醋是用穀物釀造，它所提供的酸味，是料理中的五大味道之一，純釀造的醋比使用醋酸稀釋的醋味道更加柔和。

6 醬油

每款醬油的鹹度均不相同，本書使用的醬油均為無添加醬油，若購買的醬油已含糖，則須減少糖的用量。

7 黑胡椒粗粒

黑胡椒以原粒現磨的最佳，香氣能完整保留，書中除了少數使用黑胡椒粉以外，都是現磨的粗粒黑胡椒。

8 味噌

主要原料為黃豆，再加上米麴和鹽來發酵熟成，白味噌熟成期短，味道甜潤，赤味噌熟成期長，色深而味濃。

9 米酒

米酒屬於蒸餾酒，主要成分是米，當鍋內同時有酒和醋時，會產生酯化反應，提供料理更多的香氣。

10 清酒

清酒是一種釀造酒類，主要成分也是米，在料理中添加可以去腥並增加甜味，味道雖與米酒不同，但應用在料理上差異不大，可用米酒替代。

11 味醂

味醂含有甜味，能為料理增加亮色，為料理帶來醇厚的風味。

懂調味

1

2

3

4

5

6

7

8

9

讓料理更好吃的祕密

❶ 蠔油
蠔油有強烈的鮮味成分，油膏狀很容易巴附在食材上頭，煎炒滷煮都適合。

❷ 鹽麴
一種日式調味料，原料為鹽和米麴。

❸ 麵味露（めんつゆ）
一種風味醬油，通常是鰹魚風味，鹹度較一般醬油低，是很方便的日式調味料。

❹ 熟白芝麻
已經焙炒過的白芝麻，能為料理帶來香氣，可以在超市或食品材料行買到。

❺ 蒜粉
有時料理中需要更明顯的蒜味時可以使用，取代新鮮蒜頭。

❻ 伍斯特醬
原本是一種英式調味料，由多種蔬果及辛香料醃漬而成，有股酸甜感，可在大型賣場購入。

❼ 日式高湯粉
最具代表性的高湯粉，應該是 Ajinomoto 所推出的烹大師這個品牌，對於味精產品不需要過度排斥，食材中本來就有鮮味成分，大多數的醬油也都有添加人工鮮味劑。

❽ 韓式辣醬
做韓式料理不可缺少的調味料之一。

❾ 日式美乃滋
與台式美乃滋相比，日式美乃滋不甜且偏酸，更適合入菜或調和醬汁。

熬高湯

了解各種熬湯料的特性後，煮出私房湯頭並不難！

常見的熬湯材料有柴魚、昆布、雞骨、豬骨、根莖類蔬菜、小魚干和蛤蠣等等，在這個章節中，我分享了幾種基礎高湯，除了高湯做法以外，食材介紹更是本篇重點，看完後絕對收穫滿滿！

燻製的王者：柴魚

柴魚是一種鰹魚的加工產物，經過烹煮、煙燻、乾燥和養菌等幾個階段，反覆煙燻二十日以上，魚體內水分達 20% 以下的鰹魚塊稱為「荒節」，超市中常見的柴魚花（花かつお）即是以荒節薄削而成，這類的柴魚片較適合當做涼拌佐料，熬湯味道不太足夠，而當荒節再繼續養菌和熟成以後，就是「枯節」和「本枯節」，這個階段所削出來的柴魚片湯體顏色加深，味道濃厚。

柴魚片是個價差很大的食材，熟成時間多久？使用的魚肉部位為何？是否含有血合肉？由鮪魚和鯖魚混合而成的魚節？以上每一條都決定著一塊柴魚的價格！

柴魚高湯

食材

柴魚片…20g
清水…1000ml

作法

❶ 將水煮至沸騰後，熄火並放入柴魚片。

❷ 燜泡約 3～5 分鐘即可，過濾時輕壓柴魚片擠出多餘湯汁。

 噗醬的叮嚀 在過濾柴魚片時，最好不要重壓，湯頭容易出現雜味。

滿滿大海氣息的小魚干

有時我會挑除魚干的內臟和魚頭，避免熬煮時產生苦味，若魚干的品質不錯可以省略這個動作。
小魚干泛指許多魚類的幼魚，大部分是鯡魚和鯷魚的幼魚，日本進口的魚干多半是日本鯷，而市
場裡則可以見到丁香、魩仔、鱙仔等各種坊間稱呼，有時會加個「脯」字，像是「丁香脯」來表
示乾燥過的魚乾，要注意傳統市場裡的魚乾含水量偏高，適合拌炒，卻不適合當成熬湯材料。
好的魚干會呈現魚體原有的銀白色，若已經轉黃，則代表魚肉逐漸開始氧化，品質較差，一般來
說，魚體越大其脂肪量越高，湯頭也就容易出現不好的雜味，需避免使用，小魚干煮出來的高湯
有一股海洋氣味，日本的拉麵、韓式湯品時常會用到小魚干高湯。

小魚干高湯

食材
小魚干…130g
清水…1000ml

作法
將小魚干放入鍋中，以中小火乾炒至聞
到香氣後，倒入清水煮至沸騰後轉小火
煮7～10分鐘即可，期間要撈除表面浮
沫。

 噗醬的叮嚀 將小魚干炒過後，不僅可
以抑制腥味，煮湯的香氣
也會更為強烈。

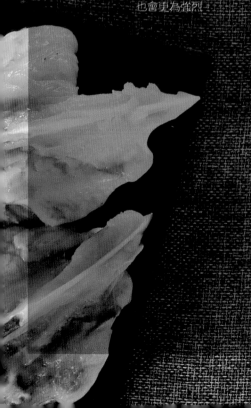

萬用的雞胸骨

雞胸骨（雞架子）是最容易取得的熬湯材料之一，
不管是超市還是傳統市場都有販售，如果在傳統
市場買，可以問問看肉販是否有雞腿去骨後的腿
骨，大部分時候會免費贈送，這也是我喜歡傳統
市場的原因之一，由於雞架子的體積較大，會用
到較多的水量來蓋過雞骨，如果一次不需要煮那
麼多的高湯，可以將雞架子剁成小塊再使用。

雞高湯

食材
雞架子…450g
清水…1500ml
老薑…2片

作法
將所有材料放進湯鍋內，確保水淹過雞骨後，
小火滾煮35分鐘即完成，熬煮的過程中需撈
除浮油和殘渣。

 噗醬的叮嚀 如果喜歡味道重一點的湯頭，
可以取起老薑後繼續熬煮。

昆布 & 海帶芽

昆布有「真昆布」、「利尻昆布」、「羅臼昆布」與「日高昆布」幾種，另外還有些不適合熬高湯的昆布，如「細目昆布」、「長昆布」等等。日高、利尻與羅臼都是北海道的地名，九成五以上的日本昆布產地都在北海道，隨著不同的海流分佈而生成型態各異的昆布。

每種昆布的風味和鮮味都有所差異，我推薦的是利尻昆布及羅臼昆布。日高昆布雖然風味較淡，但取得容易，售價也較便宜。昆布上的白色粉末是它的鮮味來源，不需水洗，更頂級的昆布還會經過熟成，白色粉末也更為明顯。

由於昆布中含有麩胺酸（谷氨酸），柴魚中有肌苷酸，因此兩者同時烹煮時鮮味會更突出，這也是為什麼兩種食材常常會一起使用，而海帶芽本身鮮味並不強烈，一般是當作配料，事先泡水，湯煮好前放入即可。

昆布高湯

食材

昆布⋯1片（約15公分）
高水⋯1000ml

作法

❶ 將昆布放入水中，放置 60 分鐘以上（若時間足夠，可先將昆布泡在水中冷藏一天）。
❷ 加熱昆布水，水滾後取出昆布即完成。

噗噗的叮嚀 1 若將昆布長時間烹煮，會使湯汁變稠並產生腥味，因此水滾後即可取出。
2 昆布吸飽水分後才會釋放鮮味，因此必須經過　冷泡　的過程。

排骨解析

在台灣，一隻豬會被分成四個部位：肩胛部、背脊部、腹脇部及後腿部。由於每個部位都有豬骨，因此又可以再細分成不同部位的排骨，熬煮出來的湯頭也各有風味。下面我用骨肉比例拆分成少肉及多肉兩類排骨，這樣會更容易了解豬骨的使用方法。

少肉部位 大腿骨、枝骨、龍骨等

多肉部位 頸骨、胛心排、小排等

少肉部位：大腿骨、枝骨、龍骨等

大腿骨為豬的腳骨，由於這個部位有較多的油脂和骨髓，煮出來的湯頭厚重，豚骨拉麵就少不了它；龍骨則為豬的脊椎骨，骨多肉少，鮮味突出，是我熬湯愛用的部位之一；枝骨（骿仔骨）是豬隻身上五花肉被取下後的肋骨，熬煮出來的湯頭清甜爽口，更適合應用在大部分的料理上。

多肉部位：頸骨、胛心排、小排等

這類排骨特性是肉多骨少，頸骨是最前段的排骨，油花多且肉質軟嫩，因此也稱做梅花排；小排則是比較容易混淆的名稱，肩部、背部和腹脇部都有小排，一般是指五花小排，也稱為腩排，這類排骨由於骨頭的比例少，熬湯味道相對單薄，油炸、燒烤、糖醋或紅燒等方式更適合此類排骨，或者可以混搭一些骨多肉少的部位，煮出來的湯會更好喝！

排骨高湯

食材
排骨…300g
清水…1000ml

作法
❶ 將排骨以冷水（份量外）汆燙後，撈出洗淨。
❷ 重新起一鍋水，冷水放入豬骨，中大火煮至滾沸後，蓋上鍋蓋轉小火燜煮 40～60 分鐘即可。

噗醬的叮嚀 若使用的部位為豬大骨，需煮到90分鐘以上筋才會軟化。

練刀工

廚刀雜談（日式、中式與西式廚刀）

刀工是料理的基本，日本料理中對應到不同的魚生時，使用的刀具
都不相同，有些刀型甚至只使用於一種魚類，例如用來剖開鰻魚的
「鰻裂」、處理河豚的「河豚引」，傳統的日本廚刀叫做「和庖丁」，
刀鋒只磨削一面，為單面刃，如此可以增加鋒利度，但必須區分為
右手用刀與左手用刀，下刀的角度也稍有不同，現今的日本刀具受
西方影響，像是牛刀、三德刀等等的「洋庖丁」都是雙面刃，用途
也更為廣泛。

中式廚刀的分類也不少，豬肉攤用的豬肉刀、取虱目魚肚的魚刀都
是其一，但大家最熟悉的，應該是一片長方型，拍、切、剁都難不
倒它的中式廚刀，其實中式廚刀還可以再分成三類，依刀身薄厚分
別是「片刀」、「文武刀」和「剁刀」，片刀的刀身最薄，可以用
來進行細部刀工，剁刀則用來砍劈帶骨的肉類，刀身最厚最重，除
了能加強刀具的耐用性，下剁的動作也更為省力，而文武刀則介於
片刀與剁刀之間，為更通用的刀型。

最後說到西式廚刀，大家是不是只想到主廚刀一種呢？不不不，
除了主廚刀以外，還有削皮刀（Paring knife）、去骨刀（Boning
knife）等等，麵包刀和起司刨刀也都是西式廚刀的一種喔！廚刀蘊
含著一個地方的歷史脈絡，每一把廚刀，都能反映出當地的食物文
化，越是研究，越會著迷於廚刀這種有生命力的東西呢！

基礎刀工

基礎的握刀方式大抵有以下三種，由左至右可進行更細部的刀工。

❶ 五指均握在刀把上，這種握法較為輕鬆，缺點為持刀不穩，一般用於食材切塊。

❷ 以食指和拇指夾住刀頸的位置，其餘三指扣住刀柄，能增加握刀的穩定性，同時也是我最常握刀的方式。

❸ 伸出食指與刀的頂端平行，可穩定刀身，進行如片肉等等的細部動作，依處理方式不同，有時也會伸出中指輕貼在刀面上。

不管使用何種刀具切菜，未握刀的手請一定要向內弓起（如圖），並抵住刀面控制下刀位置，這樣一來手指就不會被切到了！

切片

半月形

❶ 將紅蘿蔔切下一小段後，從中間對半切開。

❷ 刀子與紅蘿蔔的短邊平行，切成薄片。

❸ 完成。

方形

❶ 如圖，將刀子與對半後紅蘿蔔的長邊平行。

❷ 切成薄片。

❸ 完成。

切絲

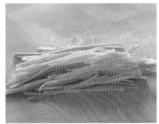

❶ 將紅蘿蔔依方形切片的方式切成薄片，並排列整齊。

❷ 切成細絲。

❸ 完成。

切丁

❶ 將紅蘿蔔依方形切片的方式切成厚片，接著切成厚長條狀。

❷ 轉九十度後切成正方形小丁。

❸ 完成。

特殊切法

片刀

用在處理厚度較薄的食材，例如雞胸肉、豬頸肉等等，可以增加肉片的面積。

片刀處理：將刀子打斜，另一手扶住食材，來回切下即可。

不需片刀處理：若食材本身的厚度足夠，直上直下的切法就可以了。

蝴蝶刀

那如果食材實在太薄呢？別擔心，還有一種切法叫做「蝴蝶刀」！

❶ 蝴蝶刀一共有兩刀，如圖中將刀子打斜，切到底部時先不要切斷。

❷ 將肉片往外翻（可以看到底部的肉還是連著的）。

❸ 一樣將刀子打斜，再切一次，與步驟❶不同的地方在於這一刀要切斷。

❹ 以蝴蝶刀切下來的肉又更大片了，是不是還很像兩片蝴蝶翅膀呢？

廚刀是需要投資的廚房用具之一，決定一把廚刀價格的因素很多，鋼材、製程、作工等等，甚至是很少留意到的倒角打磨處理，在一段料理過程中，刀絕對是最貼近身體的工具，一把稱職的廚刀，使用起來像是手部的延伸，不會有滯礙感，當你擁有了一把好刀，就會想擁有更好的一把刀，而且永遠「回不去」了！

有鍋就能煮／瓦斯篇

Can be

cooked in

a pot

韓式豬五花炒飯

這道炒飯是一道可以迅速上桌的主食，
我用了兩種醬料來模擬韓式拌飯醬，
只要留意下醬料的順序，
就可以炒出香到爆炸的五花肉炒飯！
最後再把海苔捏碎撒在上方，
上桌後馬上秒殺的炒飯來了。

料理時間：10 分鐘

|煎|炒|鍋|

食材

白飯⋯1碗
五花肉條⋯200g
韓式辣醬⋯1大匙
味噌⋯2/3大匙
蔥粒⋯1小把
鹽味海苔片⋯適量

作法

❶ 鍋內不需放油，直接將整條五花肉下鍋乾煎。

❷ 待豬肉出油、兩面略有焦色時，用料理剪刀將五花肉剪成長條狀（煎五花的時間不需太久，若五花肉的油脂被全數煸出，豬肉口感會偏硬）。

❸ 在鍋內加入辣醬和味噌兩種醬料，拌炒一下讓醬料融入豬油中，接著加入白飯，因醬料已溶在油裡，稍微拌炒白飯很快就會上色。

❹ 放入較粗的蔥粒，熄火拌炒一下即可起鍋，盛盤時可以將海苔片捏碎鋪上唷！

喋醬的叮嚀

1 傳統的韓式拌飯醬（ssamjang）是韓式辣醬加上韓式豆醬的組合，只是豆醬在一般家庭中較少見，用味噌取代後接受度反而更高呢！

2 當五花肉出油後，先放入醬料炒進豬油中，再加入白飯，很快就能炒勻，如果先放白飯才下醬料，不僅醬料無法炒開，已經被油脂包覆的飯粒也無法均勻的裹附醬料。

這種海苔包飯的吃法更讚！

蝦仁蛋炒飯

我在粉專分享過很多種的炒飯，
要將白飯炒到粒粒分明並不難，
首先白飯本身不能過於溼軟，
如果是剛煮好，
要先盛出電鍋散去熱氣，
再來是下飯時要補油，
這樣就能夠將飯炒散，
最後，請讓雞蛋炒到出泡再下其他料，
香氣才會濃厚喔！

料理時間：20 分鐘

| 煎 | 炒 | 鍋 |

食材

溫飯…1碗
雞蛋…1顆
白蝦…10隻
米酒…少許
蒜頭…2顆
橄欖油…3大匙
青蔥…2根
黑胡椒粗粒…適量
鹽…1小匙
干貝粉…1/3小匙
雞粉…1/2小匙

作法

❶ 將青蔥和蒜頭切末，蝦仁開背去除腸泥，在炒鍋內下適量的油（份量外），加入蒜末和蝦仁入鍋拌炒，淋上米酒燜熟，將蝦仁連同蝦汁取出放置一旁。

❷ 將鍋內的水分擦乾，下2大匙的油，熱鍋後轉成中火，打入雞蛋炒開並剁碎，炒到雞蛋開始冒泡後加入蔥白末。

❸ 倒入溫白飯，並淋1大匙的油在飯上。

❹ 將飯料炒散後，轉小火下黑胡椒、鹽巴和調味粉，再轉大火繼續炒勻。

噗醬的叮嚀

1 炒飯時的火力為大火到底，只有在下料時需轉成小火。

2 雖然家庭中沒有快速爐，但只要運用下白飯時補油的技巧，就能把飯炒得非常漂亮！

❺ 加入蔥綠末和蝦仁拌炒，當炒飯呈現粒粒分明、有光澤且微濕的狀態時，即可起鍋。

鮭魚炒飯

上篇分享了補油在白飯上的技巧，
它能在飯粒之間產生油膜，
此時再去撥散就會變得很簡單，
炒飯的油不用多，
但也不能過少，
我習慣將鮭魚炒到非常乾鬆，
這樣的鮭魚炒飯香氣就會非常出色，
這是書裡的第三道炒飯囉！
一起來炒出粒粒分明、香氣四溢的炒飯吧！

食材

洋蔥…1/4顆
鮭魚…100g
溫飯…200g
青蔥…2條
食用油…2.5大匙
醬油…1大匙
鹽…0.5小匙
黑胡椒粗粒…適量

作法

❶ 將青蔥和洋蔥切末，平底鍋內不放油，熱鍋後放入鮭魚，魚皮朝下煎熟，如圖中鮭魚會釋放不少魚油，將魚油倒掉不使用，接著用鍋鏟輕輕地將魚肉撥散。

❷ 將撥散的鮭魚取出切碎，鮭魚碎的大小與米飯越一致口感越好。

❸ 平底鍋內重新倒入 1 大匙的油，倒入鮭魚碎，轉中火炒至乾鬆且帶點焦香，接著倒入蔥白末和洋蔥末拌炒，以黑胡椒和鹽進行第一次調味。

❹ 在鍋內倒入一碗溫飯，於白飯上淋 1.5 大匙的食用油，輕輕地將白飯撥鬆，配合翻鍋直到飯料均勻。

❺ 沿著鍋邊倒入醬油，加入蔥綠拌炒均勻即可起鍋，如果有海苔絲和鮭魚卵也可以放在上面一起食用！

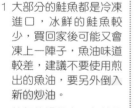

噗醬的叮嚀

1 大部分的鮭魚都是冷凍進口，冰鮮的鮭魚較少，買回家後可能又會凍上一陣子，魚油味道較差，建議不要使用煎出的魚油，要另外倒入新的炒油。

2 炒飯的過程中，飯粒是帶點濕的狀態，把食材和醬料炒香、炒勻即可，若炒的時間過久，米飯會開始失去水分，口感不佳，且容易黏鍋（碎飯多）。

在這個座位上，噗醬看著
一道道料理的完成

現拌越光米油飯

我們家的油飯用的不是糯米，而是白米，
多吃好幾碗也不用擔心胃不舒服，
之所以取名越光米油飯，
是因為要使用口感Q彈的米，
我較常使用有越光米基因的台南16號、台農77號，
或者是常見的台梗九號，
現在超市幾乎都可以買到單一米種的米了，
如果你也喜歡油飯，請試試看噴噴版的油飯！

新鮮紅蔥頭、蝦米、乾香菇和肉絲這幾個台味元素，是主要香氣來源，最後再撒上乾油蔥酥和香油，讓這道油飯的香氣更為出色。

食材

白米…1米杯（兌1杯水煮成白飯，可用剩飯替代）
豬油…2大匙（可用一般食用油替代）
蝦米…3大匙
米酒…3大匙（泡蝦米用）
梅花肉絲…100g
乾香菇（小）…8顆
清水…100ml（泡香菇用）
紅蔥頭…3～4顆
醬油膏…2大匙
白胡椒…1小匙
清水…200ml
砂糖…1小匙
油蔥酥（乾）…適量
香油…適量
香菜…適量

作法

❶ 將紅蔥頭切末，乾香菇泡水軟化後擠乾切片，蝦米泡米酒去腥，香菇水和泡蝦的米酒需留用。

❷ 煎鍋內冷鍋放入紅蔥末、香菇和蝦米，開火乾炒一下去除水分，接著加入豬油，續煸到香菇和蝦米顏色加深、紅蔥變成金黃色。

❸ 加入梅花肉絲續炒到表面有熟色，如果沒有使用豬油爆香，這邊可以改用五花肉絲。

❹ 倒入香菇水和泡蝦米的米酒，加入醬油膏、白胡椒和糖拌開，接著加入清水滾煮，開始收汁。

❺ 大約收汁到一半以下放進白飯，轉小火翻拌到每顆白飯吸收醬汁。

❻ 淋上香油並倒入乾油蔥酥，拌勻後起鍋以香菜點綴。

噗醬的叮嚀

醬油膏需選用鹹度高、鮮味重的黑豆醬油膏，不要用到沾醬用的甜油膏了，味道會不對喔！

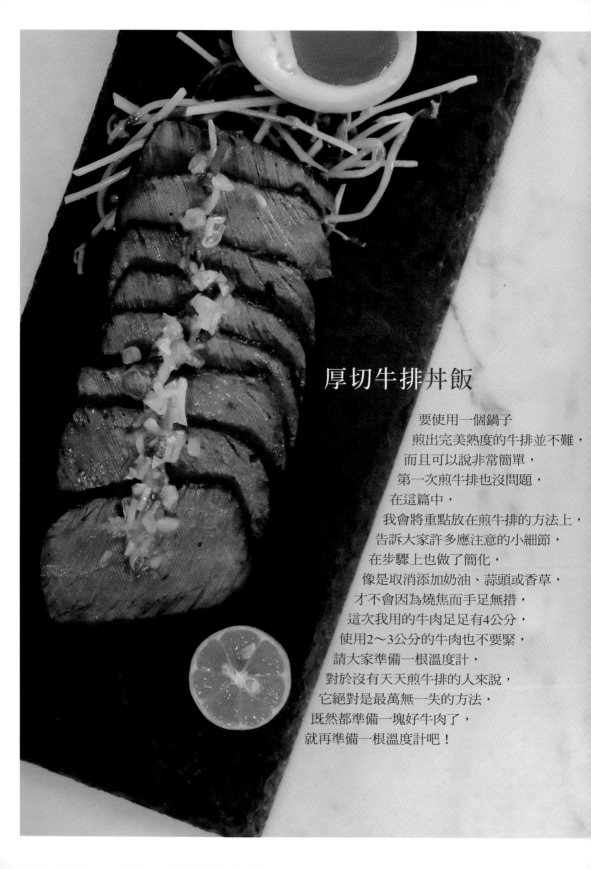

厚切牛排丼飯

要使用一個鍋子
煎出完美熟度的牛排並不難，
而且可以說非常簡單，
第一次煎牛排也沒問題，
在這篇中，
我會將重點放在煎牛排的方法上，
告訴大家許多應注意的小細節，
在步驟上也做了簡化，
像是取消添加奶油、蒜頭或香草，
才不會因為燒焦而手足無措，
這次我用的牛肉足足有4公分，
使用2～3公分的牛肉也不要緊，
請大家準備一根溫度計，
對於沒有天天煎牛排的人來說，
它絕對是最萬無一失的方法，
既然都準備一塊好牛肉了，
就再準備一根溫度計吧！

一鍋煎出 完美厚牛排

食材

牛小排⋯1塊
橄欖油⋯可在全鍋面流動的量
白飯⋯1碗
鹽⋯適量
黑胡椒⋯適量
自製鹽蔥醬⋯適量（p.132）

自選配料
海苔、溏心蛋、桔子、燙豆苗⋯適量

作法

❶ 牛小排先於前一晚放冷藏退凍備用，使用前取出回溫，將表面擦乾並撒上鹽巴和黑胡椒。
回溫有助於減少加熱時的汁水流失，牛排中心點的回溫速度緩慢，若氣溫不高可放置久一點。

❷ 熱鍋後加入橄欖油，油的用量至少要能在鍋內順順的流動，加熱到如圖片中出現油紋後，放入牛肉，此時可以聽到明顯的「滋～」的聲音。

❸ 全程留意鍋內牛肉狀況，間隔一小段時間翻面有助於熟化均勻，若牛肉上色過慢且有水分流出，代表火力過小了，煎到一半時補入適量的橄欖油，以油脂作為緩衝讓牛排內部繼續熟化。

❹ 過程中將鍋子傾斜讓油集中，立起牛排煎它的「側面」，4 公分的牛小排我總共煎了 15 分鐘左右。

❺ 用溫度計確認一下中心溫度，我在攝氏 55 度左右時起鍋，牛小排油脂含量高，熟度可以偏熟，如果是使用菲力這類的瘦肉部位，更要提早起鍋。

❻ 將牛排蓋上鋁箔紙靜置 7 到 10 分鐘，這段時間牛排中心溫度還會上升 10 度以上，這也是為什麼要用溫度計測量的原因了，不小心就很容易過熟囉！

❼ 將牛排切片擺在熱飯上，淋上鹽蔥醬，可再依個人喜好加入喜歡的配菜，我使用了溏心蛋、燙豆苗和海苔，要不要試著來煎一塊牛排了呢！

🧄 噗醬的叮嚀

1 選用煎牛排的鍋具時，以蓄熱能力好的鍋具為佳，可使用鐵鍋、鑄鐵鍋或厚底的不鏽鋼鍋，另外還要留意鍋具的耐熱程度，大部分的不沾鍋是無法在高溫下空燒的。

2 牛排煎了一段時間以後，雖然表面已經焦褐了，其實內部還非常生，有厚度的牛肉更是如此，此時要加入橄欖油作為緩衝，奶油當然也很好，能增加香氣，只是奶油中的固形物非常容易焦化，無形間增加了新手煎牛排的難度。

薑燒厚五花蓋飯

改良自薑汁燒肉的一道日式蓋飯，
在日本一般會用里肌肉或是火鍋肉片來做，
這兩種肉我都使用過，
厚片的五花肉是我實驗過最好吃的版本，
薑汁本身有很好的解膩效果，
搭配油脂豐富的五花肉，
不但肉香味更加突出，
更多了一股嚼勁呢！

⏱ 料理時間：15 分鐘

示範影片

食材

豬五花肉…200g
洋蔥…1/4顆
白飯…1碗
檸檬…1小塊

醃料

嫩薑泥…2大匙
清酒…2大匙

薑燒醬汁

清酒…1大匙
味醂…1大匙
醬油…2大匙
蘋果泥…2大匙（1/4顆）
香油…1/2小匙

作法

❶ 將洋蔥切絲，嫩薑和蘋果磨成泥，五花肉切成約 3~5mm 的厚片，接著將五花肉以薑泥和清酒醃漬 20 分鐘。

❷ 把薑燒醬汁材料混合均勻。

❸ 鍋內放入少許的油後，放入五花肉，煎到兩面呈現焦褐狀。

❹ 放入洋蔥、醃完肉的醬汁和薑燒醬汁拌炒後蓋上鍋蓋燜煮。

❺ 開蓋收汁到沒什麼湯汁後，將豬肉鋪在飯上，最後再切一小塊檸檬擺上，本來已經非常好吃的蓋飯，淋上檸檬汁後變得更好吃了！

🧄 噗醬的叮嚀

1 最後收汁的動作，盡可能地將醬汁收乾一點，豬肉的味道會更加鮮明

2 許多日式醬汁中都可以看到蘋果泥的應用，除了為料理帶來甜味，還多了股水果香氣，讓醬汁的味道更加柔和，如果手邊剛好沒有蘋果，就用砂糖代替吧！

豬肉炒泡麵

市面上的泡麵大致有牛肉、海鮮和豬肉幾種，
其中豬肉口味最適合炒泡麵，
因為調味包中通常會有豬油和炸蔥，
炒起來非常香，
記得煮麵前先把麵折成兩半，
才不會因為麵體太長，造成麵料分離，
也不要煮太久才進炒鍋裡煨煮，
注意這些小細節，
就能做出超級美味的炒泡麵了！

料理時間：15 分鐘 ｜煎｜炒｜鍋｜

食材

豬肉口味泡麵…1包
火鍋豬肉片…60g
青蔥…1根
紅蘿蔔…1小塊
洋蔥…1/4顆
米酒…1小匙
香油…少許
雞蛋…1顆

作法

❶ 將火鍋肉片切成好入口的大小，青蔥切小段，紅蘿蔔和洋蔥切成片（我用的泡麵是真爽豬肉口味，統一肉燥麵、排骨雞麵也都可以）。

❷ 先將泡麵折成兩半，炒的時候才不會結成一大塊。

❸ 將泡麵油包內的豬油倒入鍋內，加入洋蔥和紅蘿蔔爆香，同時另起一鍋滾水煮泡麵的麵體。

❹ 炒鍋內下蔥段和豬肉片，然後加入油包中的炸蔥繼續拌炒。

哞醬的叮嚀

1 這款泡麵的油包中豬油和炸蔥有分層，可以直接使用白色的豬油爆香，不需要另外加油，假如使用的泡麵油包跟炸蔥等成分混合，炒的時候容易油爆，要另外下油。

2 當泡麵煮到用筷子挾起會散開，就可以舀到炒鍋內，之後還要吸收炒料的湯汁，如果煮太久再炒會過軟不好吃。

❺ 炒鍋內加入煮過的泡麵、兩勺煮麵水、米酒和調味粉包，剛剛的煮麵水不要倒掉繼續煮至小滾，將水繞成漩渦狀後，於中間下一顆雞蛋，凝固後撈起即為水波蛋。

❻ 持續煨煮到收汁，加入少許香油起鍋，將水波蛋放在泡麵上，完成！

西西里鯷魚義大利麵

大家有用過鯷魚罐頭嗎？
鯷魚罐頭以油漬法保存，鹽度高，
如果料理方式不正確，
很容易被他的特殊氣味嚇到，
其實只要一個動作，
便可以完全削除腥味，
就是氣炸，
氣炸過的鯷魚輕輕一捏就會變成粉狀，
可以把它當成一個有鮮味的鹽，
非常好用。

食材

鰻魚…3條
蒜頭…3瓣
洋蔥…1/4顆
橄欖油…2大匙
培根…1片
黑胡椒…適量
新鮮巴西里…適量（可省略）
義大利麵…80g

作法

❶ 將蒜頭和培根切碎，洋蔥切小丁，鰻魚先以紙巾按壓吸附多餘油脂後，以攝氏170度氣炸10分鐘。

❷ 鍋內下橄欖油，倒入蒜頭爆香，接著下洋蔥丁和培根碎，撒入少許黑胡椒。

喋醬的叮嚀

1 浸泡鰻魚的油脂鹹度偏高，用紙巾吸油可以降低鹹度，如果沒有氣炸鍋或烤箱，可切碎並在步驟❷放入。

2 煮義大利麵的時候，水要記得下鹽，時間請依照包裝上時間約略減個一至兩分鐘。

❸ 義大利麵煮熟後加入鍋內拌炒，若鍋內較乾可以撈一瓢煮麵水倒入，加入新鮮巴西里。

❹ 捏碎鰻魚酥並於裝盤時撒上，淋上一點初榨橄欖油，攪拌均勻再吃。

食材

馬鈴薯（大）⋯2顆
馬鈴薯澱粉⋯2大匙
鹽⋯1/2小匙
洋蔥⋯1/8顆
食用油⋯2大匙

煎餅沾醬
麵味露⋯1大匙
砂糖⋯0.5小匙
蒜碎⋯1顆
辣椒碎⋯依喜好增減

作法

❶ 將馬鈴薯用細孔的刨絲器刨成泥狀。

❷ 將刨好的薯泥放在豆漿布或薄棉布上，將棉布提起收口後，用力擠出馬鈴薯的水分，最後馬鈴薯泥會像圖中這樣。

❸ 在薯泥中加入鹽巴、洋蔥碎和馬鈴薯澱粉，將材料拌勻後，用手塑型成圓餅狀，厚度約為 1.5 公分。

❹ 熱鍋後倒油，油量多一點煎出來的顏色較好看，將馬鈴薯餅放入鍋內，以中小火煎到兩面金黃。

噗醬的叮嚀

1 刨成絲的馬鈴薯氧化速度很快，要儘快處理，放太久會變色唷。

2 超市中有些品牌的太白粉就是馬鈴薯澱粉（可以看成分標示），不過大多數是指樹薯粉，如果找不到用樹薯粉也沒問題。

❺ 我大約煎了 12 分鐘，熟的時候表面會些微鼓起（空氣膨脹的關係），裡面是半透明狀。

❻ 製作煎餅沾醬：將辣椒和蒜頭切碎加入醬油中，再加砂糖攪拌均勻即完成。

激厚馬鈴薯煎餅

這道菜我改良自韓式馬鈴薯煎餅，
增加了煎餅的厚度，
做出來的餅皮外脆內軟，
另外因為用了洋蔥，
煎好後的香氣跟蔥油餅還有那麼一點像呢！

蔥鹽脆皮雞腿排

做排類料理時有個共同法則，
大部分的時間「皮面朝下」接觸鍋面，
除了可以形成脆皮以外，
更重要的是讓肉不會直接碰觸鍋面，
肉質也就越嫩，
這就是做出皮脆肉嫩雞排的祕訣！

⏱ | 料理時間：15分鐘

🍳 | 煎 | 炒 | 鍋 |

食材

無骨雞腿…1隻
鹽…均勻撒在雞皮上的量
香油…1大匙
蔥末…0.5根
黑胡椒粗粒…少許

作法

❶ 在雞皮上撒鹽，鹽的份量薄薄一層抹勻即可，不需要太精準。

❷ 經過十分鐘後雞皮會明顯出水，取廚房紙巾將雞肉擦乾並抹去鹽分。

❸ 鍋內不加油，雞皮朝下煎約8到10分鐘（視雞皮焦黃程度調整火力），將釋出的雞油倒出，翻面煎另外一面，若鍋內殘油不多可補點油，肉也會比較嫩，大約一到兩分鐘即可。

❹ 再翻回雞皮煎一兩分鐘，讓顏色更加金黃，起鍋後雞皮面朝上切塊，避免蒸氣浸濕雞皮。

❺ 接著來製作簡易鹽蔥醬，利用剛剛倒出的雞油，混合香油、少許鹽（份量外）、黑胡椒和蔥末拌勻，淋在雞肉上就完成了。

噗醬的叮嚀

在步驟三中雞皮出油後要記得倒出，不然雞皮會煎不脆噢！

海苔蔥肉餅

某一次冰箱剩下絞肉和青蔥時，
我做了這道清冰箱料理，
利用雞蛋讓肉末更緊密地結合，
並加入麵包粉增加保水性，
做出來的肉餅香濃多汁，
通常我會墊一片海苔在肉餅下方，
請吃的人自己夾起來，
感受一下肉餅的溫度！

食材

豬絞肉…200g
蒜頭…2顆
青蔥…2根
雞蛋…0.5顆
麵包粉…3大匙
清水…50g
鹽…0.5小匙
白砂糖…1小匙
醬油…0.5小匙
海苔片…適量

作法

❶ 將蒜頭和青蔥切成末，和豬絞肉一起放入調理盆中，加入水和醬油，以筷子繞圓攪拌到豬肉完全吸收水分。

❷ 在調理盆內加入雞蛋、麵包粉、鹽和糖拌勻，如圖中稍微抓出一點黏性即可。

❸ 煎鍋內放入少許食用油，以湯匙挖出肉泥，放入鍋中並整成圓形，接著用湯匙在肉餅中間輕壓一下（煎的過程中，中間會較四周膨起）。

❹ 耐心等待肉餅的一面煎到定型後，再翻面，整個過程約四到五分鐘，最後可以用筷子插入肉餅最厚的部位，若流出來的肉汁是無色而非粉紅色，就代表已經熟了。

噗醬的叮嚀

1 第一步攪拌豬肉吸收水分的過程稱為「打水」，這樣做出來的肉餅會非常多汁。
2 肉餅下鍋時，鍋內溫度要先拉高，若溫度過低，煎的過程中會出水，煎出來的肉餅也就不香了。

❺ 待肉餅稍微放涼後，以一片海苔包著一片肉餅吃，真的非常美味！

照燒豬肉卷三款

小黃瓜豬肉卷
水蓮香菇肉卷
筊白筍青蔥肉卷

豬肉卷是很容易做、
卻又富有新鮮感的一道菜,
一般來說,
我會選擇脆口的蔬菜來捲,
吃起來更有口感,
這次我做了三種搭配,
分別是小黃瓜、水蓮與香菇、
筊白筍和青蔥,
三種組合味道都很好,試試看!

食材

豬五花肉片…依卷數準備
熟白芝麻…適量

內餡
小黃瓜、青蔥、香菇、水
蓮、筊白筍皆依卷數準備

照燒醬汁
醬油…1大匙
味醂…1大匙
清酒…1大匙（可用米酒
替代）
白砂糖…1小匙

作法

❶ 用鹽巴搓揉小黃瓜表皮，然後沖掉鹽分，這樣可以去除小黃瓜的澀感，把小黃瓜切成長段後，對切，再對切，並削去中心的瓜籽。

❷ 將水蓮、筊白筍和青蔥切成長段，香菇切片，這些是這次會用到的肉卷內餡。

❸ 將肉片攤開，內餡食材放在肉片上捲成長條狀，青蔥搭配筊白筍，水蓮搭配香菇。

❹ 鍋內不用下油，肉卷開口朝下放入鍋內，煎的過程中開口會自然黏合。

噗醬 的 叮嚀

做這道豬肉卷時只要包
緊即可，並不需要沾
粉，當豬肉熟化後，蛋
白質會形成天然的結合
劑黏住食材。

❺ 以中火煎到五花肉表面焦香後，倒入事先混勻的醬汁，轉動肉卷並煮至收汁，起鍋後撒上白芝麻就完成了。

港式滑蛋蝦仁

滑蛋的蛋是非常軟嫩的，一般在製作滑蛋時，
會需要用到較多的油，加上大火熱鍋才能完成，
我改用在家庭中更容易操作的方法，
用相對低的溫度，藉由撥蛋和離火的技巧，
就可以做出軟嫩的滑蛋，
由於鍋子溫度不高，油多味道反而過重，
所以也不會用到過多的油，一舉兩得！

料理時間：20 分鐘　　　　　　　　　　　　　　　　　　煎｜炒｜鍋｜

食材

雞蛋…5顆
白蝦…12隻
青蔥…3根
白胡椒…少許
鹽…1/2小匙
清水…100ml
食用油…1大匙
太白粉…2小匙
白醋…1小匙

作法

❶ 將青蔥切末，白蝦的蝦頭取下，鍋內下油炒香蝦頭，倒入清水和蔥白煮成蝦湯。

❷ 剩下的蝦身去殼後，開背去除腸泥並擦乾，放入少許的蛋白、鹽巴（份量外）、白胡椒粉和白醋，拌勻醃漬一下，另外將雞蛋加入鹽巴和太白粉後打勻。

❸ 從蝦湯中取出蝦頭後，放入蝦肉燙熟，接著將蝦肉連同蝦湯一併倒入蛋液中，加入蔥綠拌勻（若蝦湯的量偏少，可以傾斜鍋身集中燙熟）。

❹ 鍋內下少許油，當鍋子微熱時即可下蛋液，由於鍋子外圈和底部溫度較高，蛋會先熟，此時用筷子將熟蛋從鍋邊往中間推，並微微提起讓蛋液流向下方和鍋邊，操作的同時鍋子需離火，完成後再將鍋子放回火上。

噗醬的叮嚀

1 步驟 ❷ 在蛋液中加入的太白粉，可以避免蛋液太快熟化，更容易製作出成功的滑蛋，另外，這個滑蛋技巧只能以不沾鍋操作，鐵鍋需要高溫下油潤鍋，無法使用此方法。

2 蝦子之所以要加蛋白和白醋，是為了增加它脆彈的口感，但一定要用新鮮的蝦子，不新鮮的蝦子怎麼處理都沒辦法有好的口感。

❺ 重複將熟蛋從外往內撥、離火降溫、再加熱的過程後，蛋會像圖中形成好看的彎摺感。

❻ 傾斜鍋身確認一下，沒有流動的蛋液就可以起鍋了，表面是半熟蛋的狀態，非常嫩，蝦子也很 Q 彈唷。

小黃瓜炒蝦仁

夏天是小黃瓜盛產的時期，
每到這個時候，
我會開始思考如何消耗買多的小黃瓜，
有一天無意間將白蝦和小黃瓜這兩種食材結合，
沒想到極其搭配，
快炒後的小黃瓜鮮甜感倍增，
脆脆的口感在夏天吃非常開胃呢！

料理時間：20 分鐘　　　　　　　　　　　　　　　　　　　|煎|炒|鍋|

食材

橄欖油…1大匙
小黃瓜…2條
白蝦…8～10隻
嫩薑絲…1小撮
米酒…1大匙
清水…150ml
蠔油…1大匙
鹽…1小撮
香油…少許
黑胡椒粗粒…少許

作法

❶ 將小黃瓜削去外皮，切成適當的長段後，對切再對切，最後如圖中將瓜籽削去；蝦子去殼並挑去腸泥，蝦頭留用。

❷ 在煎鍋內下少量的油（份量外），放入薑絲及蝦頭，炒香蝦頭後，沿著鍋邊倒入米酒，並加入水煉出蝦湯，過程約七分鐘，最後濾去蝦頭和薑絲並將蝦湯盛出。

噗醬的叮嚀

小黃瓜需要削去外皮和瓜籽，瓜皮口感不佳，瓜籽則會出水稀釋味道，只留下瓜肉是這道菜好吃的關鍵。

❸ 原鍋內下橄欖油並加入蝦仁拌炒，待蝦仁轉紅後，倒入蠔油和小黃瓜續炒。

❹ 倒入蝦湯，轉成中大火收汁並以少許的鹽調味，起鍋前加入香油和黑胡椒，完成！

台味蔭鼓鮮蚵

蔭鼓就是豆豉，
是釀造醬油後的產物，
過去台灣以大缸釀造黑豆醬油，
並在陽光下日曬發酵，
因而得名「蔭」字，
豆豉、蚵仔和韭菜的組合非常迷人，
在某幾個嘴饞的傍晚，
我會煮一盤蔭鼓蚵，
配上兩碗白飯，整個大滿足。

食材

蚵仔…300g
豆腐…1盒
洋蔥…1/4顆
嫩薑…5片
蔭鼓…2小匙
豆瓣醬…2小匙
蠔油…1大匙
砂糖…2小匙
香油…1大匙
清水…150ml
韭菜…5根
太白粉水…適量

作法

❶ 將嫩薑、洋蔥切片，韭菜切成末，另將蠔油、砂糖、蔭鼓和豆瓣醬先拌勻。

❷ 豆腐切成小方塊狀泡水備用，接著在蚵仔內加入約兩小匙的鹽巴，加水蓋過後輕抓一下，倒掉髒水，重覆兩到三次直到蚵仔乾淨。

❸ 取一煎鍋熱鍋後下香油，放入洋蔥和嫩薑片爆香，接著加入事先混勻的醬料，拌炒後再加入清水。

❹ 水滾後放入蚵仔，當蚵仔緊縮並呈現飽滿狀後，撈除薑片，下 2/3 份的韭菜末並加入太白粉水勾芡。

噗醬的叮嚀

清洗蚵仔有兩種方式，第一種是這次用的鹽洗法，另一種是使用白蘿蔔泥清洗，後者洗出來的顏色更加白潔，而前者的鹽巴則更方便取得。

❺ 放入豆腐輕拌，倒入少許香油（份量外）點香，並撒上剩餘的韭菜末增色，完成！

日式照燒圓鱈

圓鱈的學名是犬牙南極魚，
不同於俗稱扁鱈的大比目魚，
它的皮厚、魚肉更富彈性，
簡單照燒煮入味就是最棒的吃法，
石斑魚也非常適合這樣處理唷！
購買圓鱈時要注意，
在傳統市場中油魚也被稱為圓鱈，
價格非常便宜，可不要買錯了！

食材

圓鱈…1片（250g）
老薑…3片
醬油…1.5大匙
清酒…2大匙
味醂…2大匙
清水…1大匙
蔥絲…少許

噗醬的叮嚀

圓鱈的皮較厚，煎的時候可以適時將魚片直立，讓魚皮接觸鍋面，這樣煎出來的魚完全沒有腥味，非常好吃。

作法

❶ 鍋內下少許的食用油，先用薑片煸出薑油，當薑片外圍翹起後，即可下圓鱈（我將輪切圓鱈從中間剖半，一片剛好就是一份）。

❷ 將圓鱈兩面煎到微焦後，倒入醬油、清酒和味醂，轉中火煮到收汁。

❸ 當水分逐漸變少後，醬汁會開始發亮並產生黏性，翻面讓兩面都均勻沾附醬汁，起鍋，切少許蔥絲點綴。

五色炒肉末

如果冰箱只剩下絞肉和雞蛋，大家會想到做什麼？
這道是我很常炒肉末的方法，簡單的絞肉和雞蛋就非常好吃，
顏色也很好看，做這道時噗醬聞香而來了好幾次呢～

食材

豬絞肉…200g　　醬油…1大匙
雞蛋…2個　　　　米酒…1大匙
青蔥…5根　　　　香油…1大匙
辣椒…1顆　　　　白胡椒…適量
蒜頭…2瓣

作法

❶ 將青蔥、辣椒和蒜頭切成末，雞蛋的蛋白和蛋黃分開，鍋內下一點油熱鍋，倒入蛋黃，炒到蛋黃起泡後盛起，接著下蛋白，邊炒邊剁碎，盛起。

❷ 原鍋內再下少許油，將蒜末、辣椒末和蔥白倒入爆香後，放入豬絞肉續炒。

❸ 加入醬油、米酒和白胡椒，當醬汁炒乾後會聞到很棒的醬香味。

❹ 倒回剛剛炒好的蛋黃和蛋白並加入蔥綠，快速拌炒一下就完成囉！

蛋黃和蛋白「分開炒」，會比「打散炒」的香氣更濃，過程中將負責香氣的蛋黃炒到起泡，而蛋白負責的是口感，仍在水嫩的狀態就可以熄火了，過程中記得用木鏟剁碎，大小盡量和絞肉一致，最後成品就會非常好看！

泰式打拋豬

大家上泰式餐廳必點的菜中，
有這道打拋豬嗎？
泰式料理中常使用到大量的香料和辛香料，
例如這道打拋豬，
傳統的作法會用搗缽把辛香料搗碎，
融入主食材中，
最後的香氣和味道就會非常濃郁！
只要理解它的原理，
在家做出夠味的泰式料理並不難！

料理時間：10分鐘 | 煎|炒|鍋 |

食材

豬絞肉…300g
蒜頭…5瓣
大辣椒…2條
蠔油…0.5大匙
醬油…1大匙
魚露…1大匙
二砂糖…2小匙
清水…1大匙
打拋葉…1小把
檸檬汁…2小匙

作法

❶ 將蒜頭和一根辣椒切細碎，並用刀面輕拍數下釋放味道，另一根辣椒不切碎，最後加進去配色用。

❷ 將蠔油、醬油、魚露、二砂糖和水先拌勻備用，熱鍋後下絞肉，當絞肉開始出水後，繼續炒到乾。

噗醬的叮嚀

1 將蒜頭、辣椒搗碎味道會更濃郁，但並不是每個人家裡都有搗缽，只要提早切好然後放置一到兩小時，讓辛香料與空氣接觸氧化，味道同樣非常濃郁。

2 有注意到在這道料理中我先下豬肉，而不是辛香料嗎？這是因為豬絞肉炒到一個階段後會開始出水，繼續炒乾後才會有香氣，因此要先將絞肉炒香後，再下其他食材！

❸ 將炒好的絞肉撥到一旁，鍋內補點油並加入蒜末和辣椒末，將辛香料煸出香氣後，再將豬肉拌進來。

❹ 淋上剛剛調好的醬料，拌炒收汁後，加入打拋葉和切小段的辣椒，淋上少許檸檬汁，熄火起鍋。

聊聊食材

這道泰式料理非常受到歡迎，不過許多材料是不好取得的，例如泰國醬油和椰糖，醬油用手邊有的就好，椰糖改用富含礦物質的二砂糖代替，唯有打拋葉不建議替換，雖然它是羅勒的一種，但味道差異很大，其實打拋葉這幾年已經是花市很常見的香草了，不但容易取得，而且也不貴！三種常見的食用羅勒我都有種，只要光線和水分足夠，他們的生命力非常強，但取葉冷藏就非常容易發黑，若環境允許，用植栽的方式會比較適合喔！

九層塔

這三種羅勒，以九層塔的味道最重，紅骨（莖是紫紅色）的味道又更強烈。

打拋葉

打拋葉有一股淡淡草味，生葉味道和九層塔差異很大。

甜羅勒

西式料理常常會用到它，青醬也都會使用甜羅勒製作。

鐵板胡椒骰子牛

在某些快炒料理上，
我不會一開始就將洋蔥入鍋炒，
保留脆度反而更爽口，擺盤時也好看，
用熱水泡洋蔥，
可以快速降低洋蔥的辛辣味哦！

食材

牛肋條…400g
洋蔥…1顆
奶油…15g
鹽…1小匙
熟白芝麻…1大匙
黑胡椒粗粒…依個人喜好
日式豬排醬…2大匙
蔥絲…適量

作法

❶ 洋蔥切成片狀後泡熱水，牛肋條切成方塊狀，撒上鹽和黑胡椒拌勻，熱鍋後加入少許油，放入牛肉塊並煎至表面焦香。

❷ 牛肉表面都炒至有焦色後，放入蒜末和洋蔥續炒。

❸ 加入奶油後熄火，待奶油融化後拌勻，起鍋放入調理盆內，加入白芝麻和豬排醬拌勻，擺盤後以蔥絲裝飾，完成。

 噗醬 的 叮嚀

在第一步拌牛肉塊的時候，以每塊牛肉上均勻佈上黑胡椒為準，在第二個步驟時試一下味道，依自己喜好辣度補加胡椒。

自製漢堡排

我很喜歡在家做漢堡排，
也很推薦大家自己做，
新鮮現煎漢堡排的香氣和肉汁，
是市售冷凍漢堡排無法比擬的，
做漢堡排的過程非常療癒，
煎好後放在白盤上，
擺點生菜、淋上醬汁，
一份儀式感滿滿的排餐就做好了！

食材（可做 3 份漢堡排）

＊搭配濃味蘑菇醬（p.134）

牛絞肉…250g
豬絞肉…100g
洋蔥碎…0.5顆
麵包粉…2大匙
牛奶…3大匙
鹽…1小匙
黑胡椒粗粒…少許

作法

❶ 將洋蔥切成碎末，煎鍋內下油並倒入洋蔥碎，炒至洋蔥縮水並呈現焦褐色後，起鍋放涼。

❷ 將牛絞肉、豬絞肉放進調理盆內，倒入炒過的洋蔥、麵包粉、牛奶、鹽和黑胡椒混合均勻，分成三等份。

❸ 在手上抹上油並將絞肉整成丸子狀，利用雙手摔打排出肉糰中的空氣，最後整成肉餅狀。

❹ 在漢堡排中心用拇指壓出一個坑洞，這樣可以避免漢堡排下鍋後膨脹裂開。

❺ 煎鍋內放油，熱鍋後將漢堡排下鍋煎，兩面煎上色後，加入少許的水並蓋上鍋蓋，轉小火以半蒸煎的方式煎熟，我總共煎了10 分鐘左右（視厚度調整時間）。

❻ 若不確定是否熟透，請將筷子插入中心最厚的地方，若流出的肉汁是透明褐色就是熟囉！

噗醬的叮嚀

1 為什麼要混合牛肉和豬肉絞肉？牛絞肉的瘦肉比例高，缺少油脂，吃起來的口感較差，當加入脂肪高的豬絞肉以後，油脂在烹調過程中會液化，吃起來就會產生所謂的「多汁感」，漢堡排常見的牛豬比例為7：3，但我喜歡滿滿肉汁的漢堡排，所以豬絞肉的比例要再高一些。

2 如果要做圖中的濃味蘑菇醬，可以參考p.134作法並添加番茄醬和伍斯特醬。

番茄肉燥

番茄肉燥是我家餐桌上最受歡迎的料理之一，
加了番茄的肉燥，酸甜鹹味都有了，
吃起來一點都不膩，
或許還會比吃普通的滷肉再多配個幾碗飯，
小心別吃太飽了！

🕐 │料理時間：20分鐘

🍲 食材

嫩薑末⋯1小匙　　　醬油⋯2大匙

豬絞肉⋯200g　　　味醂⋯1大匙

牛番茄⋯2顆　　　　白砂糖⋯1小匙

香油⋯適量　　　　　芹菜⋯1根

清水⋯150ml

🍳 作法

❶ 將番茄切塊，嫩薑和芹菜則分別切成末，熱鍋後下適量的香油，加入薑末並炒香豬絞肉。

❷ 加入番茄，炒至番茄軟化後，倒入清水、醬油、味醂和糖，蓋鍋蓋燜煮約10分鐘。

❸ 當湯汁收的差不多後，加入芹菜末拌勻就可以起鍋了。

豆乾炒肉絲

它雖然是一道家常菜，
但其中還是有不少的小細節，
例如該用哪個部位的肉絲？
干絲如何取得？
照著做就可以炒出一盤香氣非常足、
口感又軟嫩的豆乾炒肉絲囉！

🕐 料理時間：15分鐘

食材

豬肉絲…150g
蒜頭…3瓣
青蔥…2～3根
辣椒…1條
豆干…2塊
香油…2大匙
鹽…0.5小匙
醬油…1大匙
米酒…1大匙

豬肉醃料

醬油…2小匙
米酒…2小匙
太白粉…0.5小匙
清水…1大匙

作法

❶ 先將豆干橫切成片。

❷ 接著直直切成細絲，豆干絲完成。

❸ 將辣椒去籽後切成細絲（喜歡吃辣不用去籽），青蔥斜切成絲，蒜頭切末。

❹ 在豬肉絲中加入醃料，接著不斷攪拌，直到豬肉吸收水分，這個動作稱為「打水」，這樣肉會更有彈性且富含水分。

❺ 在炒鍋內下一半的香油，加入蒜末和辣椒拌炒後，下肉絲炒到出現熟色，接著加入豆乾絲，再下另一半的香油，拌炒一下後加入米酒、醬油和鹽巴（分兩次下油有助於炒開豆干絲，且能保留芝麻香氣）。

❻ 起鍋前放入蔥絲，拌勻即可。

🧄 噗醬的叮嚀

1 現成的干絲口感較硬，用豆干切成絲的口感較好。

2 常見的豬肉絲通常是後腿部位，油脂少，炒過後容易乾柴，建議用梅花肉切成的肉絲，在傳統市場買通常可以挑肉並請肉販處理。

五花肉炒茄子

趁這一道茄子料理，
來跟大家分享不過水、不過油，
卻能讓茄子保色的方法，
水煮和水蒸雖然不容易變色，
但已軟熟的茄子不適合再去快炒，
一般家庭不會隨時有一鍋可以過油的油鍋，
只要利用一種切法、茄皮朝下放入鍋內等方式，
就能做出好看的炒茄子囉！

食材

五花肉…150g
長茄…2條
蒜頭…4顆
嫩薑…6片
香油…4大匙
青蔥…3～4根
九層塔葉…適量

調味料

醬油…1.5大匙
清水…4大匙
米酒…2大匙
白醋…0.5大匙
鹽…0.5小匙
白砂糖…0.5小匙

作法

❶ 先將青蔥切段，蒜頭切末，五花肉和嫩薑切成薄片，接著將茄子剖半，若該部位較厚，再對切成四分之一的條狀。

❷ 煎鍋內下3大匙的香油，放入五花肉片以中小火煸出肉油（因茄子未過油，油量不能減少）。

❸ 將五花肉取出，茄子皮面朝下放入鍋內，搖動鍋子讓茄皮均勻沾附油脂，油脂是茄子保色的關鍵，應避免茄肉朝下（若茄肉朝下，會將鍋內油脂吸走，缺少油脂再加上高溫，茄子便容易變色）。

❹ 將茄子撥至一旁，中間下1大匙的香油，然後放入蔥白、蒜末和薑片，稍微煸香辛香料後，將肉片放回鍋內拌炒，可以看到茄子因為有足夠的油脂保護，顏色呈現亮紫色。

喉醬的叮嚀

1 白醋能防止氧化，燜煮的過程不易變色，成品帶的些許酸味也更開胃喔。

2 最後的醬汁要收到帶點稠度且有乳化感，如果醬汁非常清澈，代表油量可能下得不夠。

❺ 加入調味料和清水，蓋上鍋蓋燜煮至茄子軟化後，打開鍋蓋收汁，起鍋前加入蔥綠和九層塔葉，拌炒一下即可熄火。

韓式泡菜炒五花

這道快炒非常下飯，
當泡菜炒過以後，
可以去除醃漬的味道，並轉化成鮮味，
因此下鍋順序是先下泡菜、再下五花肉，
最後記得加點檸檬汁，
補充泡菜流失的酸度，味道更棒！

料理時間：10 分鐘

食材

泡菜…150g
豬五花厚片…200g
清水…50ml
青蔥…4根
蒜頭…2瓣
洋蔥…0.5顆
檸檬汁…0.5顆

作法

❶ 將青蔥切成段、洋蔥切粗絲、蒜頭拍碎，鍋內下油後放進蔥白和蒜頭爆香，接著下泡菜炒出香味。

❷ 鍋內加水並放入豬肉片，拌炒後蓋上鍋蓋，讓肉熟透。

噗醬的叮嚀

我使用的五花肉片厚度大約為0.5公分，盡量不要用火鍋肉片，這種肉片太薄，口感和香氣都略為不足。

❸ 開蓋加入洋蔥和蔥綠，稍微炒過讓蔥的辛辣味消失，由於洋蔥後段才放入，盛盤時仍非常脆口。

❹ 起鍋前加入檸檬汁，完成！

這道菜還可以搭配生菜食用，變身成韓式「菜包肉」，萵苣類的蔬菜都很適合喔！

金沙四季豆

只要四樣食材就能簡單上桌！
金沙（鹹蛋黃）帶有很強烈的鹹鮮感，
只要確實的炒出蛋黃香氣，
是不需要再額外調味的！
有些人做金沙料理時習慣連鹹蛋白一同加入，
容易帶進太多的鹹味，
也會稀釋味道，
與單純使用鹹蛋黃所帶來的醇厚感是不同的。

料理時間：10分鐘

食材

鹹蛋…2顆
四季豆…150g
蒜頭…2瓣
米酒…2小匙

作法

❶ 將四季豆摘去頭尾後切成斜段，蒜頭切碎。

❷ 蒜末放入鍋內爆香後，加入四季豆拌炒，沿著鍋邊倒入米酒，蓋上鍋蓋燜一下，無豆生味即可起鍋備用。

噗醬的叮嚀

將四季豆切成斜段，是為了增加切面面積，蛋黃可以更好的包覆住四季豆，另外也更容易炒熟唷。

❸ 同鍋內下少許油，加入鹹蛋黃，以湯匙按壓並炒至起泡後，加入四季豆。

❹ 熄火，拌勻後即可起鍋。

家常蕈菇味噌湯

味噌湯的作法變化很多,其中我最想介紹給大家的,
是一道完全沒用到高湯、味道卻非常濃郁的家常味噌湯,
純粹利用煸炒菇類產生的鮮味,
再混合白味噌和赤味噌增加層次,
一開蓋,蕈菇香氣便竄升而出。

料理時間：15分鐘

示範影片

食材

清水…1000ml	白砂糖…1小匙	青蔥…2根
赤味噌…2大匙	鹽…1小匙	薑片…2片
白味噌…2大匙	乾香菇…4顆	香油…適量
清酒…1大匙	新鮮香菇…2顆	
味醂…2大匙	嫩豆腐…1塊	

作法

❶ 取食材中200毫升的清水泡發乾香菇，泡好的香菇水留用。

❷ 將泡好的乾香菇和新鮮香菇切片，老薑切片，青蔥部分蔥白切段，其他切末泡水備用。

❸ 將豆腐切成正方塊，起一鍋水，水滾後下豆腐煮約1分鐘，撈起瀝乾。

❹ 將赤味噌、白味噌、清酒和味醂混合均勻。

❺ 熱一個炒鍋並倒入香油，下薑片、蔥白段和乾香菇片，炒香後加入新鮮香菇片續炒，再依序加入香菇水和清水。

❻ 水滾後加入混合味噌攪拌均勻，稍微滾煮一下讓酒精揮發，最後再以砂糖和鹽調味。

❼ 熄火加入豆腐、蔥花和香油，完成！

噗醬的叮嚀

1 豆腐燙過後可以去除不好的氣味，吃起來味道會更清甜。

2 將味噌和清酒等液體混合稀釋後，下鍋不需要濾網就可以快速煮開，也可以少洗一個濾網唷。

煎炒鍋特輯

罐頭的華麗變身，10 分鐘一人食料理！

肉醬風味燴飯

大家有試過用果菜汁入菜嗎？
由於肉醬罐頭的味道較重，
加入果菜汁不僅可以中和鹹度，
做出來的醬汁味道也更有深度，
這個醬汁真的非常下飯，
請務必試試看！

食材

嫩薑泥…2小匙
波蜜果菜汁…150ml
廣達香肉醬…1罐（160g）
咖哩塊…50g
白砂糖…2小匙

作法

❶ 將嫩薑磨泥，平底鍋內不放油，放入嫩
　薑泥和肉醬炒香後，再加入咖哩塊邊壓
　邊煮至散開。

❷ 倒入果菜汁和砂糖，收汁到適合稠度後
　淋在飯上即可。

舊時光義大利麵

小時候，
媽媽常會用番茄鯖魚罐頭煮湯麵，
或許也是許多人的共同記憶，
番茄鯖魚的味道很容易讓人回想起
過去的那些時光，
這次我做成了義大利麵版本，
鯖魚要搗碎融入醬汁中，
再簡單加入幾種調味料後，
味道就會非常濃郁！

食材

番茄鯖魚罐頭…1罐
紅蔥頭…2瓣
麵味露…4小匙
奶油…10g
義大利麵…80g
新鮮巴西里…適量（可用乾燥巴西里替代）

作法

❶ 起一鍋水下鹽，水滾後放入義大利麵煮軟，另將紅蔥頭切碎，倒入平底鍋內熱油爆香後，倒入鯖魚罐頭及麵味露。

❷ 加入一到兩勺的煮麵水，壓碎鯖魚，當醬汁呈現濃稠狀時加入義大利麵拌炒均勻，再加入奶油乳化即可起鍋。

❸ 將巴西里切碎後撒上，完成。

 噗醬的叮嚀

麵味露和奶油，是日本昭和時期，咖啡廳裡頭義大利麵中常見的元素，能讓味道更加融合。

鮪魚雞絲飯

鮪魚罐頭又稱海底雞，
它還真的可以做出香噴噴的雞絲飯！
不需要處理雞肉、剁絲，
一只罐頭就能完成，
利用乾濕兩種油蔥酥的搭配，
絕對吃不出來這是用鮪魚做出來的雞絲飯！

食材

鮪魚罐頭…1罐
油蔥酥（濕）…2大匙
油蔥酥（乾）…2大匙
香菜…適量

雞絲飯醬汁
醬油…3大匙
砂糖…2小匙
清水…4大匙

噗醬的叮嚀

當鮪魚罐頭打開後，利用罐頭蓋用力往內壓，就可以簡單地擠出魚肉中的油脂，剩下乾鬆的鮪魚絲，這時再去炒就不會有鮪魚罐頭特殊的味道。

作法

❶ 將鮪魚罐頭中的油脂擠乾，平底鍋中不放油，倒入鮪魚、油蔥酥和乾油蔥酥炒散後，起鍋鋪在飯上。

❷ 同鍋內加入清水、醬油和砂糖，小火煮至微滾後盛出即為醬汁，取適量淋在鮪魚飯上，並以香菜點綴。

鍋煮紫米飯

一般來說，
紫米指的是黑糯米，
黑米則是一般的粳米，
兩者都可以煮出漂亮的紫色米飯，
這次我用的是黑米，
並使用了兩個韓式陶鍋相疊煮飯，
這樣煮出來的飯不旦渾圓飽滿，
而且還非常有光澤，
是不是很神奇呢！

料理時間：20 分鐘

|湯|鍋|

示範影片

食材

白米…1杯
黑米…1～2小把
清水…1杯

作法

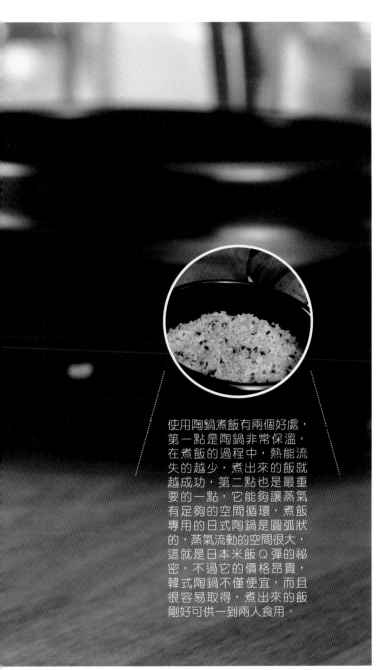

使用陶鍋煮飯有兩個好處，第一點是陶鍋非常保溫，在煮飯的過程中，熱能流失的越少，煮出來的飯就越成功，第二點也是最重要的一點，它能夠讓蒸氣有足夠的空間循環，煮飯專用的日式陶鍋是圓弧狀的，蒸氣流動的空間很大，這就是日本米飯Q彈的祕密，不過它的價格昂貴，韓式陶鍋不僅便宜，而且很容易取得，煮出來的飯剛好可供一到兩人食用。

❶ 將白米與黑米混合，淘洗約三到四次，直到洗米水不混濁，接著泡清水約20 分鐘。

❷ 將白米連同泡米水放進韓式陶鍋內，煮滾後用另一個陶鍋蓋上，以最小火煮約 12 分鐘。

❸ 關火，續燜約 5 ～ 10 分鐘後再打開。

料理時間：30分鐘 │湯│鍋│

麻油豬白湯烏龍

濃郁的白色高湯、軟嫩的松阪肉片，
再吸上一口烏龍麵，
在寒冷的冬天中非常需要這麼一道料理，
松阪豬是非常耐煮的食材，
如果一開始先下鍋油煎，
味道並不突出，讓它直接泡在高湯裡熬煮，
不僅能吃到滿滿的鮮味，
肉質也很軟嫩，大家不妨試試看！

食材

松阪豬（豬頸肉）…250g
豬枝骨高湯…1000ml
（參考p.23排骨高湯）
黑麻油…2大匙
米酒…2大匙
老薑薄片…20片
烏龍麵…1份
鹽…2小撮
山茼蒿…適量
柴魚片…少許

油脂是白色高湯的要
素之一，因此當高湯
倒入有麻油的鍋子後，
以大火滾煮就會產生
乳化效果，變成黃白
色的混濁湯體，這樣
的麻油湯是不是看起
來更好喝了呢？

作法

❶ 將豬枝骨高湯以小火加
熱，松阪豬逆紋切蝴蝶刀
（參考 p.28）後，放入高
湯中，並加入米酒熬煮。

❷ 將老薑切成薄片，炒鍋
內放入麻油，以中小火將
薑片煸至捲曲。

❸ 煮好的高湯撈除豬骨，
並倒入炒鍋內，以大火滾
煮約 5 分鐘，當高湯乳化
成白色後以鹽巴調味。

❹ 加入燙好的烏龍和山茼
蒿，裝碗並撒上柴魚片，
完成！

鹽麴豬肉雜炊

雜炊是一種介於泡飯和粥之間的湯飯，
在日本，煮完火鍋後會在湯裡加入白飯、
打入雞蛋，煮好後就是雜炊（ぞうすい）了。
用鹽麴煮出來的雜炊有一股特別的米鮮味，
最後撒上青蔥和海苔絲，
雜炊吃起來更加鮮美。

若沒有剩飯而要重新煮米，在第三次洗米時，將洗米水留下（前段的洗米水仍有雜臭味），取代食材中的清水，洗米水中含有澱粉，能賦予湯頭甜味，還有乳化的效果唷！

食材

梅花肉片…200g
鹽麴…4大匙
鴻禧菇…半盒
紅蘿蔔…數片
蛤蜊…15顆
雞蛋…1顆
剩飯…1碗
清水…800ml
青蔥…適量
海苔絲…適量

作法

❶ 將鴻禧菇的根部切除，紅蘿蔔切片，青蔥切成末；豬肉和鹽麴混拌均勻後，冷藏醃漬一晚。

❷ 先在湯鍋內加入清水，放入紅蘿蔔片煮至水滾，接著加入醃漬過的肉片、鴻禧菇和蛤蜊。

❸ 倒入白飯，當湯呈現微微的稠狀時，倒入打勻的蛋液，熄火盛出雜炊，撒上青蔥和海苔絲，完成。

步驟 ❻ 中在鍋蓋上淋香油的用意,是讓油脂可以順著鍋邊留下,避免鍋底燒焦,同時煎出好看的鍋巴,你看看這鍋巴飯,是不是非常吸引人呢!

砂鍋雞煲飯

這道煲仔飯只需要一個砂鍋就可以解決一餐,
開蓋的那一瞬間,
豆豉香、蠔油香和鍋巴焦香一股腦的衝出來,
讓人又更餓了,
如果是一家人吃,那就用大一點的砂鍋來做吧!

料理時間：30分鐘

 湯｜鍋｜

示範影片

食材

泰國長米…1杯
清水…1.2杯
無骨雞腿肉…1隻
乾香菇（小）…5～7顆
青蔥…0.5根

雞肉醃醬

紅蔥頭…4～5顆
嫩薑泥…1大匙
豆豉…1.5小匙
花雕酒…1大匙
醬油…2小匙

蠔油…1大匙
白砂糖…1小匙
白胡椒粉…適量
香油…少許

作法

❶ 香菇泡水軟化後，擠乾水分並切去蒂頭，另將長米洗淨後，泡水20～30分鐘。

❷ 將雞腿肉切成小塊，以鹽巴搓揉靜置，15分鐘後表面會出水，沖淨並擦乾雞肉。

❸ 取嫩薑磨泥，紅蔥頭切末，青蔥切花，接著將雞肉和香菇放入調理盆內，加入醃醬中香油以外的所有材料，拌勻並醃漬20分鐘。

❹ 取一個砂鍋放在瓦斯爐上，砂鍋內刷上花生油後開火，放入長米及泡米水，水滾後蓋上鍋蓋，以中火煮6分鐘。

❺ 在醃好的香菇雞肉中拌入香油，平鋪在飯上並蓋上鍋蓋。

❻ 沿著鍋蓋淋上香油，轉成小火煮12分鐘，此時需不停地轉動鍋子，讓底部受熱均勻。

❼ 開蓋撒上青蔥末，蓋上鍋蓋燜30秒後，開蓋食用。

噗醬的叮嚀

1 傳統煲仔飯會使用長米，或以長米為主的混合米，用一般的短米來做也可以，成品會比較黏稠一點。

2 當雞腿以鹽巴醃漬後，雞肉中的組織液會滲出，它是肉的腥味來源，沖淨後再使用，即使是肉雞，也可以非常的美味。

客家雞酒（麻油雞）

小時候我都管它叫雞酒，其實就是麻油雞，
客家雞酒一般會用全酒烹煮，不加一滴水，
而我最喜歡的吃法，是拌入白飯變成飯湯，
另外，比起傳統雞酒的清澈湯體，
我更喜歡有濃郁感的白色湯頭，
照著我的作法，
只需要老薑、雞腿、麻油、米酒四種極簡材料，
就能做出無與倫比的雞酒！

料理時間：25分鐘

示範影片

食材

薑片…15～20片
帶骨仿土雞腿…1支
黑麻油…60ml
特級純米酒…1200ml
鹽…2小撮

作法

❶ 取一塊老薑切成薄片，薑片越薄味道越能夠釋放，且可以縮短煸的時間。

❷ 用手握一下薑片讓芬芳物質釋放，並放入麻油中冷泡，這是讓味道更香濃的小技巧。

❸ 把薑片連同麻油倒入鍋中，以小火煸到薑片捲起。

❹ 將雞腿剁成塊狀放入鍋內，拌炒到雞皮上色後，撒入少許鹽巴並倒入米酒。

❺ 若環境允許，可在煮數分鐘後點火燒去酒精，不蓋鍋蓋，以中大火滾煮15分鐘（若未點火煮的時間需拉長）

噗醬的叮嚀

1 烹煮的同時在表面點火，可以快速去除酒精，湯頭也會更香甜，但上方不能有太近的物體（含抽油煙機），否則非常危險，慢慢煮酒精也會揮發。

2 麻油雞並非不能加鹽，少量鹽巴可以提昇麻油雞的甜味，在拌炒雞肉時加入，後續滾煮味道才會融合，避免在湯滾完後才加，味道會較為突兀，另外如果米酒已含鹽的狀況也不適合再加鹽。

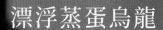

漂浮蒸蛋烏龍

這道蛋料理是源自日本靜岡縣的一道小吃「たまごふわふわ」，
最上層有著奶泡般綿密的口感，
越到下層則越扎實，蛋香也更為濃厚，
聽說在日本感冒的時候吃下這道湯品，
還能恢復食欲，
這次我結合了烏龍麵，
不僅能吃到口感新奇的漂浮蒸蛋，
當作正餐也完全沒問題。

料理時間：10分鐘

| 湯 | 鍋 |

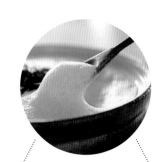

雞蛋的軟綿口感和烏龍麵非常搭配，完成後記得要趕快吃掉，不然雞蛋就會開始消泡囉！

食材

＊使用直徑15公分的土陶鍋

雞蛋…2顆
柴魚高湯…400g（p.19）
烏龍麵…1人份
豆皮…數片
清酒…1小匙
鹽…1小匙
醬油…1大匙
干貝粉…0.5小匙
海苔絲…適量

作法

❶ 在陶鍋內放入柴魚高湯、淡醬油、鹽巴0.5小匙、清酒和干貝粉煮滾。

❷ 鍋內放入豆皮和烏龍麵，轉小火保持小滾狀態。

❸ 將雞蛋的蛋白及蛋黃分開，取一個打蛋器，將蛋白打發到出現細緻泡沫。

❹ 在蛋白泡中加入蛋黃、0.5小匙的鹽巴，再以打蛋器打勻。

❺ 接著將陶鍋的火關掉，慢慢地將蛋糊倒在麵湯上，蓋上鍋蓋燜三分鐘，開鍋並撒上海苔，完成！

噗醬 的 叮嚀

1 可以直接以稀釋過的麵味露替代柴魚高湯和醬油。

2 打發蛋白時加入少許的白醋，可以幫助打發，並不會影響味道。

雪濃蒜頭雞湯

蒜頭我加了一個用氣炸鍋處理的步驟，
香氣更棒，
如果沒有氣炸鍋，
直接將蒜頭去皮放入鍋內煮就可以了，
春雞的肉質軟嫩，
口感適合與濃湯搭配，
如果沒買到，就用雞腿來做也沒關係。

料理時間：50 分鐘

食材

春雞…1隻（900g）
蒜頭…5球
清水…1500ml
米酒…2大匙
鹽…2小匙
馬鈴薯…1顆
月桂葉…2片
黑胡椒粗粒…1大匙

作法

❶ 蒜頭與一大匙的油（份量外）拌勻，放進氣炸鍋內，設定攝氏 200 度氣炸 15 ～ 20 分鐘。

❷ 內部蒸氣會讓蒜頭熟軟，只要從尾端輕壓一下就可以取出蒜頭。蒜頭皮是很好的熬湯料，剝下後，連同月桂葉和黑胡椒粒一起裝進茶包內（如果沒有氣炸鍋，直接從這個步驟開始處理生蒜頭）。

❸ 將春雞剖半，馬鈴薯去皮切成大塊，一同放入冷水中煮至滾，加入米酒和作法❷的熬湯茶包後，以中小火煮 40 分鐘（春雞雜質不多，稍微撈除表面浮沫即可）。

❹ 將春雞撈出盛到碗中，雞湯中的香料和茶包撈除，馬鈴薯、蒜頭與雞湯一起打成濃湯狀。

❺ 倒進碗裡就完成囉！

胡麻風雞肉關東煮

冬天時我很喜歡做關東煮，
而且會用麻油先煎香雞腿肉，
再倒入昆布柴魚高湯，
這是我家關東煮特別濃郁的祕密，
在這篇中詳細收錄了許多食材處理方法，
還會用超市可以買到的魚漿，
來做一道干貝豬肉丸喔！

食材

＊其他火鍋料依喜好添加

香油…2大匙
去骨雞腿肉…2隻
白蘿蔔…1根
蒟蒻…1盒
水煮蛋…4顆
香菇…數朵
油豆腐…數個
烏龍麵…1份

關東煮湯底

清水…1200ml
昆布…1長條
（約15公分）
柴魚…1大把
醬油…2大匙
清酒…4大匙
味醂…2大匙
鹽…1小匙

干貝豬肉丸

干貝魚漿…300g
豬絞肉…100g
麻油…少許
清酒…2小匙
醬油…1小匙
白胡椒…1小撮
鹽…1/3小匙
清水…2小匙

喋醬的叮嚀

步驟❷中我們將蘿蔔直接放入高湯中煮，傳統日式作法則會使用另一鍋水，滾去蘿蔔生味後，才放入高湯裡煮至入味，這樣煮出來的蘿蔔甜味更加明顯。

作法

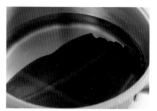

❶ 將昆布和水一同放入鍋內，浸泡至少 25 分鐘，趁著泡昆布的空檔處理蘿蔔和其他食材（請見 p.121 食材處理篇）。

❷ 將處理好的白蘿蔔放入昆布水裡加熱，水滾後撈出昆布，轉小火煮約 25 分鐘將蘿蔔煮至軟。

❸ 另取一個湯鍋，熱鍋後倒入麻油，雞皮朝下放入雞腿肉，煎香後取出（不用煎至全熟，最後還會煮過），將雞腿切小塊並以竹籤串上。

❹ 當蘿蔔差不多煮好後，在鍋子上方放一個濾網，加入柴魚以小火泡約 5 到 10 分鐘後撈除。

❺ 將柴魚昆布高湯倒入煎雞肉的湯鍋內，加入鹽、醬油、清酒和味醂，煮滾後關東煮湯底就完成了。

❻ 加入煮料，先放需要入味的食材，例如雞肉、香菇、蒟蒻和白煮蛋等，接著才放現成火鍋料，烏龍麵則是最後煮，用煮過各種食材的高湯煮烏龍麵，超級美味！

關東煮食材處理

白蘿蔔

白蘿蔔外皮粗纖維偏厚,去皮時記得削多一點,接著把蘿蔔切成輪狀,再將蘿蔔直角的部分修圓,這個部分在煮的過程中易碎,會讓高湯變得混濁,細心處理過的蘿蔔,煮好後真的非常誘人!

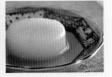

蒟蒻

在表面以淺刀切成格紋狀後,分切成三角狀,並燒一鍋水汆燙去除異味。

油豆腐

放入熱水中汆燙,去除表面炸油(可先燙完蒟蒻後再處理油豆腐)。

昆布

熬完湯的昆布不要丟,把它剪成適當寬度後,直接打結就是海帶結了!

干貝豬肉丸

將豬絞肉剁出黏性後,加入魚漿以外的調味料,以筷子攪拌至豬肉完全地吃進水分。

準備好一張保鮮膜,表面抹油,鋪上干貝魚漿後放上豬肉餡,上層再補上少許魚漿。

將保鮮膜向上提起包覆內餡,放入熱水中煮到定型浮起就完成了。

韓式部隊鍋

韓戰時期隨著美軍的進駐，
韓式鍋物中也大量使用了美國罐頭，
其中最經典的就是「午餐肉」罐頭，
午餐肉經由戰事而被帶到世界各地，
除了部隊鍋，
沖繩的午餐肉飯糰也是一種外來與在地的結合，
這些因為戰爭而出現的料理，
吃的是一種情懷！

午餐肉最有名的品牌
是 TULIP 和 SPAM，
兩者都可以在超市或
量販店買到。

食材

午餐肉…1盒
韓式泡菜…150g
德式香腸…2條
年糕…120g
金針菇…1包
鴻喜菇…1包
嫩豆腐…1塊
天婦羅…120g
青蔥…3根
韓國泡麵（麵體）…1包
起司片…2片

部隊鍋湯底

清水…1000g
大白菜…0片（300g）
韓國拌飯醬…4大匙
韓國辣椒粉…2大匙
醬油…3大匙
白砂糖…2小匙

作法

❶ 午餐肉和豆腐切片，青蔥切成段，蔬菜類食材洗淨即可，接著將湯底食材放入砂鍋中煮滾。

❷ 在鍋內擺上除了泡麵與起司片的所有食材，蓋上鍋蓋燜煮約 10 分鐘，確認食材熟了即可。

❸ 最後放上泡麵和起司片，煮到麵體軟化就可以開吃了！

噗醬的叮嚀

1 午餐肉是由碎豬肉製成，鹹香味極重，剛好可以為湯底帶來鮮味。

2 部隊鍋一般會使用韓式辣醬作為湯底，我使用的是韓式拌飯醬，拌飯醬是由辣醬、韓式味噌、糖等等組合而成，能夠帶來更多的鮮甜味。

焦糖洋蔥牛肉湯

當洋蔥經過長時間的拌炒後，
會結成褐色的洋蔥塊，
可不要小看焦糖化後的洋蔥，
這小小一團有著強烈的甜味和鮮味，
是非常天然的熬湯食材。

🕐 | 料理時間：90 分鐘

🍲 |湯|鍋|

食材

橄欖油…1大匙
洋蔥（大）…2顆
西洋芹…2條
紅蘿蔔…0.5根
牛肋條…300g
鹽…2小匙
白砂糖…2小匙
梅林醬…2大匙
黑胡椒粗粒…適量
清水…1500ml

香料

丁香…5顆
香菜籽…1小匙
月桂葉…1片

作法

❶ 將牛肋條和紅蘿蔔切成約1公分的正方塊，西洋芹斜切成片，洋蔥切絲，香料裝進茶包中備用，接著在鍋內加入少量油後，放入洋蔥以中火拌炒，洋蔥會漸漸縮水，看到鍋底出現焦色時，用木鏟刮一下鍋底，並持續拌炒。

❷ 這是炒了20分鐘的狀態。

噗醬的叮嚀

炒洋蔥的過程中必須不斷翻拌，並鏟起焦底的部分，若焦化的速度太快，就把火轉小，但火力又不能小到沒有焦糖化反應，炒製的時間應依鍋具和火力有所調整。

❸ 50分鐘過後，洋蔥會呈現出深褐色，最後會是像這樣帶點黏性、有結塊感的狀態。

❹ 鍋內加入熱水、香料包、紅蘿蔔和西洋芹，煮滾後下牛肉塊，一邊撈除浮沫，一邊以小火滾煮30分鐘，起鍋前加入鹽巴、糖、梅林醬和黑胡椒調味，完成！

乾滷牛腱

滷牛腱的水稱為滷水，
它的滷水會比一般滷味更鹹，
這是因為牛腱有厚度，
主要鹹味集中在外層，
滷製方法也很重要，
方法不對肉筋可能太硬，
又或者滷到筋化掉了，
這篇有我的私房香料配法，
一次列出大家可能不好準備，
所以我分成主要香料和次要香料兩種，
請至少要準備好主要香料，
宴客時只要端出它，
絕對是第一盤掃空的菜！

食材

牛腱…700g	主要香料	次要香料
醬油…400ml	八角…3個	花椒…0.5小匙
清水…600ml	孜然粉…10g	豆蔻…6顆
米酒…300ml	黑胡椒…15g	甘草…2片
二砂糖…1大匙	丁香…0.5小匙	乾鼠尾草…1小匙
老薑…1小塊	月桂葉…2片	乾迷迭香…1小匙
辣椒…3根		
青蔥…2根		

作法

❶ 將香料放入磨缽中，敲碎以釋放香氣，接著將全數香料裝進茶包袋中。

❷ 老薑表皮輕劃幾刀，青蔥以刀面拍過後綁起，在鍋內放入少許香油，爆香老薑、青蔥和辣椒，接著加入香料包、醬油、水、米酒和糖煮滾備用。

❸ 牛腱另以一鍋水汆燙後，放入滷水中，此時先將老薑取出。

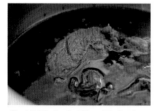

❹ 以最小火煮1個小時，讓鍋內維持冒小氣泡的狀態即可，不要滾煮，這是滷出粉嫩牛腱的關鍵。

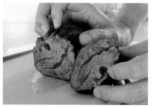

❺ 時間到了以後熄火放涼，利用餘溫繼續熟化，等到鍋子冷卻後放入冰箱一晚，隔天要食用時取出回溫，並在表面塗上香油，切薄片搭配蔥花和嫩薑絲，非常美味！

噗醬的叮嚀

1 滷水一定要蓋過牛腱，其中香料和醬油的比例很重要，我的香料總配重約35～40g，若水量增多，香料和醬油也要增加。

2 「滷」的過程是為了控制牛腱熟度，接下來的「泡」才是入味關鍵，請耐心等待一晚再吃，風味完全不同唷。

鹽蔥醬

鹽蔥醬是很容易準備的醬料，
直接使用煎肉排所釋出的油脂，
放入青蔥後調個味道，
就是一個速成的醬料，
由於材料非常單純，
鹽的選擇就非常重要，
精鹽容易有死鹹感，
好一點的海鹽或岩鹽都是不錯的選擇。

食材

豬油…0.5大匙
香油…1小匙
青蔥…1根
海鹽…1小撮
黑胡椒粗粒…適量

作法

青蔥切末，鍋內下豬油和香油，接著
先下蔥白煸過熄火，加入蔥綠、適量
的鹽和黑胡椒，拌勻即可。

搭配料理 | 排餐（豬排、雞排、牛排
　　　　　　　等）、燒烤

 噗醬 的 叮嚀

煎過牛肉的油脂、煎雞皮釋出的雞
油，都是可以直接利用的動物性油
脂，也就不需要使用豬油了。

濃味蘑菇醬

一般來說，製作醬料，
需要先炒奶油麵糊（Roux），
也因此增加了料理難度，
其實，只要將奶油放置常溫軟化，
直接和麵粉混拌均勻，
這樣就可以省略炒麵糊的步驟了，
還不馬上學起來！

食材

蘑菇…6顆	黑胡椒…0.5小匙
紅蔥頭…2顆	清水…200～230ml
洋蔥…1/4顆	鮮奶油…3大匙（可用牛奶替代）
培根…1片	麵粉…15g
鹽巴…1小匙	常溫奶油…25g

作法

❶ 將麵粉及奶油事先混合均勻，洋蔥、紅蔥頭和培根切成末，蘑菇切片。

❷ 鍋內下橄欖油後，加入洋蔥、紅蔥頭、培根和蘑菇拌炒。

❸ 倒入清水煮至小滾後，以鹽巴和黑胡椒調味，接著加入奶油麵糊，熄火，加入鮮奶油拌勻即完成。

搭配料理 | 排餐、燒烤、法棍、餅乾

噗醬的叮嚀

當麵粉用在糊化上時，各種筋性的麵粉都可以使用。

菇茸醬

在日本有一種用金針菇做的拌飯料，
叫做なめ茸，也就是這次要做的菇茸醬，
菇類本身有很豐富的鮮味成分，
你可以把他想像成一種醬料形式的天然味精，
不管是拌飯還是炒菜都可以使用。

食材

金針菇…200g
昆布…1小片（長約5公分）
清水…150ml
醬油…2大匙

味醂…2大匙
清酒…2大匙
白醋…2小匙
干貝絲…2顆（可省略）

作法

❶ 將昆布和乾干貝以冷水泡約2小時，金針菇切除底部後
分切成三段，於鍋內倒入泡昆布干貝的水，並加入金針
菇熬煮。

❷ 加入醬油、味醂和清酒，放入剝好的干貝絲，蓋上鍋蓋
熬煮，煮約10分鐘讓醬汁收到帶點稠度。

❸ 將泡過水的昆布切成細絲加入，加白醋，續煮5分鐘收
汁，製作好放冷藏可保存一到兩週，或者直接冷凍保存。

搭配料理｜ 白飯、煎蛋、燙青菜等

起司醬

市售的起司醬
為了避免在常溫中固化變質，
加入了不少添加物，其實只要買一
包天然起司片，
就可以做出美味的起司醬，
自製的起司醬味道非常濃郁，
冷掉會慢慢凝固，
要吃的時候再做就可以囉！

食材

奶油⋯15g
麵粉⋯0.5小匙
牛奶⋯160g
切達起司（Cheddar）⋯4片
糖⋯1大匙
鹽⋯1小撮

作法

鍋內下奶油和少許麵粉，炒到奶油起泡後加
入牛奶和起司片，分兩到三次加入，每次加
入時先攪拌融化再放入下一片起司，才不會
一下子煮太稠了！

搭配料理 | 烤物、炸物

搭配料理示範 | 夜市風脆皮馬鈴薯（p.184）

蜂蜜芥末醬

這款醬料只要將美乃滋、黃芥末醬和
蜂蜜等比例混合就完成了，
我還加了番茄醬，
增加不同的酸度，
解膩效果更好，
準備上也非常方便

食材

日式美乃滋…3大匙
黃芥末醬…3大匙
蜂蜜…3大匙
番茄醬…1.5大匙

作法

將所有材料拌勻即可。

搭配料理｜烤物、炸物
搭配料理示範｜和洋風香雞翅（p.152）

 **噗醬的叮嚀**

常見的芥末醬有黃芥末醬和帶芥末
籽的芥末醬，兩者都可以使用，風
味稍有不同。

百搭蔬菜沾醬

平時我喜歡簡單處理蔬菜，
偶爾會製作醬料沾著吃，
汆燙過的秋葵、花椰菜、甜豆
我就會搭配這個沾醬，
或者將番茄切塊沾著吃也很棒喔！

食材

日式美乃滋…3大匙　　味醂…1.5大匙
芥末醬…0.5大匙　　　白芝麻…適量
檸檬汁…0.5大匙　　　香油…0.5小匙
蜂蜜…1.5大匙

作法

將所有材料拌勻即可。

搭配料理┃蔬菜

搭配料理示範┃雞肉豆腐卷（p.160）

自製鰹魚醬油

在書中有許多用到麵味露的料理，
假如手邊沒有麵味露，
那就自己做吧！
由於材料都是天然食材，
是一款非常健康的調味料，
我用了柴魚、昆布和香菇，
不一定三種都要放，
手邊有任何一樣都可以做哦！

食材

醬油…100ml
味醂…100ml
柴魚片…10g
昆布…1片（長約3公分）
乾香菇（大）…1朵

作法

將材料全數混合後，於室溫中放置一晚，
隔天將材料瀝出後裝瓶，冷藏可保存至
少1個月。

搭配料理｜各種台日式料理皆適用

噗醬的叮嚀

這類的調味醬油可以簡化料理流程，幾
乎只要一個調味料就可以煮好一道菜，
也可以加入清酒、水或高湯滾煮，調整
成自己喜歡的味道。

海苔醬

海苔醬是一道傳統的日式佃煮料理，
小時候只要桌上出現海苔醬，
嘴上說不餓，飯還是不停地扒，
用新鮮海苔製成的海苔醬沒有添加物，
冷藏可以放上好一陣子，
重點是作法超級簡單！

食材

全形海苔…5片
清　水…200ml
味醂…1大匙
清酒…1大匙
醬油…1大匙
白砂糖…5小匙

作法

將全形海苔以調理機打成粉末，與其他調味料一同倒入鍋中煮至小滾，當水逐漸收乾呈現濃稠狀時就完成了！

紅蔥油酥

紅蔥油酥是一款經典的香蔥油，
非常有台灣味，
它幾乎是我冰箱不曾少過的東西，
豬油和紅蔥頭沒有絕對的比例，
喜歡當成拌料，就紅蔥頭多些，
主要是拿來炒菜，豬油就多一點，
都可以的。

食材

豬油…150g
紅蔥頭…30瓣

作法

❶ 將紅蔥頭剝去外皮後切碎，熱鍋放入豬油，待豬油融化後倒入紅蔥頭碎，以中小火慢慢煸成金黃色。

❷ 取出放涼，冷藏保存數月都沒問題。

搭配料理｜各種台式料理皆適用。

 噗醬的叮嚀

紅蔥頭切碎後，香味會更快釋放到豬油中，不過要留意紅蔥頭變色的狀況，當紅蔥頭快轉成金黃色時熄火，餘溫還會讓顏色繼續加深，若炸過頭帶有苦味。

有東西在裡面！

伸出右手探一下～

不夠長，改成左手試試看

日劇的咖哩麵包

咖哩麵包是我非常想收錄在書中的一道，
以前看日劇的時候，
常常會出現學生吃著咖哩麵包的畫面，
當我第一次吃到它時，
我發現冷掉的咖哩內餡竟然比熱咖哩更濃郁，
柔軟的麵包體、油炸後的香氣，
原來咖哩可以這麼好吃！

料理時間：2 小時

|炸|鍋|

示範影片

食材（約可做 6 個咖哩麵包）

咖哩炒料			麵糰	
洋蔥…1顆	絞肉…100g	白砂糖…1小匙	高筋麵粉…200g	鹽…2g
紅蘿蔔…2/3根	鹽…1小匙	清水…350ml	牛奶…130ml	食用油…15g
咖哩粉…1大匙			白砂糖…15g	速發酵母…1小匙
咖哩塊…80〜120g（視咖哩鹹度調整）				

作法

❶ 將麵粉、砂糖、鹽和酵母等乾粉倒入調理盆內，拌勻後倒入牛奶，攪拌成絮狀並揉成糰，讓麵糰休息 10 分鐘。

❷ 在調理盆內加入食用油，揉到麵糰吃進油脂後，取出續揉至帶有彈性。將麵糰蓋上，發酵 60 分鐘或者膨脹到約兩倍大。

❸ 洋蔥和紅蘿蔔切成小塊，炒鍋內下少許油，放入洋蔥和紅蘿蔔拌炒，加入絞肉炒香，以鹽巴、糖、咖哩粉調味，加水煮軟。

❹ 放入咖哩塊，持續攪拌到濃稠的狀態即可。

❺ 將麵糰分成六等份，一個介於 50 〜 60g 之間，滾圓後蓋上濕布休息 10 分鐘。

❻ 將麵糰桿成橢圓狀，放上咖哩炒料，將麵糰從中間開始捏，慢慢往兩側收合。

❼ 將包好咖哩餡的麵包依序沾上蛋液、麵包粉，靜置一下。

❽ 以攝氏 165 度炸至兩面呈現金黃色即可，過程約四到五分鐘，完成！

噗醬的叮嚀

比起市售的咖哩麵包，我在內餡中多加了豬絞肉，整體香氣更好，也更有飽足感，吃不完的麵包用保鮮膜包住冷凍保存，回烤或微波過就可以吃了，有時間不妨多做一點吧！

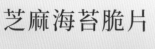

芝麻海苔脆片

這是韓國很流行的一種吃法，
將越式春捲皮丟進油鍋裡，
爆起後取起，口感脆到不行！
我在製作海苔米紙時已經調味了，
拿起來單吃就是一道很涮嘴的零食，
或者沾點青海苔粉、紅椒粉都非常棒！

料理時間：15分鐘

｜炸｜鍋｜

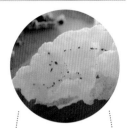

不加海苔片，直接把越氏春捲皮切成小片去炸也是一種作法，沾點辣粉吃超對味！

食材（一片用量）

越南春捲皮（米紙）…1張
全張海苔…1張
熟白芝麻…適量
鹽…少許

作法

❶ 將越南春捲皮蓋在海苔上面，沿著春捲皮將多餘的海苔切除，接著在海苔上刷上少許的水，撒上白芝麻與鹽巴，剛剛切除的海苔也可以捏碎放上來。

❷ 將春捲皮沾濕後取起，貼在海苔上面，稍微按壓一下兩著就會黏合了，做好後放在通風處等待乾燥，海苔片乾燥後會稍微捲起，這時把海苔片剪成四等分。

❸ 起一個油鍋，先丟入一小塊春捲皮試試，5秒內可以炸酥就是適當的油溫，若發現時間過久就要拉高油溫，油溫大約是攝氏180度到190度。

❹ 海苔面朝下放入油鍋，當海苔片炸酥且不再冒泡時即可取起，放在廚房紙巾上瀝油，放涼後會更酥唷！

噗醬的叮嚀

米含量較高的越南春捲皮會黏牙，買的時候請注意一下成分，建議選擇無米粉的春捲皮。

和洋風香雞翅

這道是我的私房炸雞料理，
利用日本的鹽麴醃漬雞肉，
炸過趁熱拌入新鮮的巴西里碎，
風味非常獨特，
咬下的第一口有著雞肉鹹香帶汁的口感，
接著香草香氣會在嘴裡迴繞，
宴客時端上這道讓親友們讚嘆一下如何？

料理時間：20分鐘 |炸|鍋|

食材

雞翅…400g
蒜頭…3瓣
清酒…2大匙
醬油…0.5大匙
鹽麴…3大匙
孜然粉…2小匙
新鮮巴西里…適量（可用乾燥巴西里替代）
麵粉…可均勻沾附雞翅的量

作法

❶ 雞翅放入調理盆內，接著放入切末的蒜頭和所有調味料（除了麵粉和巴西里），拌勻並醃漬30分鐘以上。

❷ 稍微擦去雞翅上的醃料，取一個備料盤並倒入麵粉，將每塊雞翅均勻地裹上薄粉。

❸ 油鍋內熱油到攝氏160度，放入雞翅炸5分鐘後取出，靜置約3分鐘，將油溫拉高至攝氏180度後再回炸30秒。

❹ 雞翅撈起瀝乾，趁還有熱度時，撒上切好的巴西里碎，翻拌一下巴西里就會裹在雞皮上了，可以搭配蜂蜜芥末醬（p.140）食用唷！

噗醬的叮嚀

1 我用的雞翅是已經分切過的翅小腿和翅中，如果是整隻雞翅，可從翅小腿的關節處斷成兩節。

2 鹽麴非常容易焦，因此醃漬完後要把醃漬料擦乾淨，顏色深是這個炸雞的特色，如果時間允許，把醃漬時間延長到一個小時會更入味！

3 在炸有骨頭的雞肉時，時間會拉得較長，導致雞肉過柴，只要利用炸過靜置的時間讓內部燜熟，再二次回炸，炸的時間就不會拉得太長，也就能保留雞肉的嫩度了！

唐揚章魚腳

每次宵夜非常想吃炸物時，
我就會做這道菜，
只要把想炸的食材放進裝有太白粉的塑膠袋中，
玩一下「搖搖樂」，
很快就有現炸宵夜了，
這個方法用在透抽和雞肉上也都沒問題，
炸物是不是比你想的更簡單呢？試試看！

食材

章魚腳…150g（可用透抽替代）
醬油…1/3大匙
清酒…1大匙
白砂糖…1/2小匙
老薑…1片
太白粉…3大匙

作法

❶ 將章魚腳切成小塊，以醬油、清酒、糖和薑片醃漬 20 分鐘。

❷ 先在塑膠袋內加入太白粉，接著將章魚腳放入袋中，捏緊封口搖晃，讓粉均勻地裹在章魚腳上。

❸ 起油鍋，油溫大約在攝氏 170 ～ 180 度時放入章魚腳，表面轉金黃後盛起。

噗醬的叮嚀

太白粉的質地較細，即使是章魚、透抽這類食材也能很好的黏附在上面，炸好的外皮偏軟，有著另一種風味。

韓式炸雞（洋釀口味）

這幾年韓式炸雞在台灣非常普遍，
其中最經典的就是洋釀口味了，
有層次的酸甜感，帶點辣，
再加上那紅到發亮的色澤，
能不來上一盤嗎？
使用無骨雞肉熟度較好掌控，
熟悉以後再試著使用帶骨雞肉吧！

🕐 | 料理時間：35 分鐘

🍴食材

無骨雞腿肉…350g
熟白芝麻…適量
檸檬皮屑…適量
核桃碎…適量

醃料
清酒…1大匙
鹽…2小撮
黑胡椒…1小撮
蒜粉…1/2小匙

洋釀醬
蒜末…30g
清水…80g
醬油…1/2大匙
韓式辣醬…30g
韓式辣椒粉…2小匙
番茄醬…80g
麥芽糖…80g
蜂蜜…50g
二砂糖…20g
伍斯特醬…15g

炸粉
低筋麵粉…5大匙
玉米粉…5大匙
泡打粉…1/2小匙

🍳作法

❶ 把雞腿肉切成中型塊狀大小（切太小炸過後較乾柴），加入醃料抓勻後靜置一下。

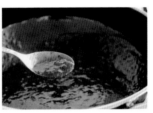

❷ 趁著雞肉靜置時來做洋釀醬，在鍋內放入蒜末、水、砂糖和醬油，拌一拌等砂糖溶解後，倒入其餘的洋釀醬食材，小滾煮到有濃稠感即可。

❸ 將炸粉材料混合均勻，雞肉均勻沾附炸粉後，放入冰箱冷藏 30 分鐘。

❹ 將油燒熱到約攝氏 180 度，放入雞肉後油溫會降，起鍋時溫度要拉到至少攝氏 170 度以上，炸出來的雞皮就會非常脆，不需要回炸，炸的時間約 4 ～ 5 分鐘。

❺ 炸好的雞腿放到調理盆內，並沿著盆邊分次加入洋釀醬，將炸雞從底部撈起往上翻拌，直到每塊雞肉都裹附到醬汁，最後撒上白芝麻、檸檬皮、香菜和核桃碎就完成囉！

🍳噗醬的叮嚀

1 韓式炸雞一個很重要的味道就是甜味，使用不同的糖可以增加味道深度，麥芽糖、蜂蜜和味醂都有不同的甜感，將麥芽糖替換成果糖、或者韓式料理中常見的玉米糖漿都是可以的。

2 雞肉裹粉後冷藏，可以讓粉與雞肉黏合的更扎實，同時也能拉大和熱油間的溫差，更容易炸到酥脆，有時間可以前一晚將雞肉裹粉放入冰箱冷藏，雞肉的風味也會更加濃縮。

快餐風炸排骨

台式炸排骨是我上快餐店最常點的主菜之一，
那股五香的香氣，
軟嫩又厚實的口感，非常迷人，
其實在家裡做一點都不難，
將醃汁材料丟進調理機打勻，
讓里肌肉悠閒的泡個澡，
就可以開炸了，
我喜歡里肌原始的口感，
所以沒有敲打豬肉，
只要掌握好起鍋時間，
肉質就會非常軟嫩！

料理時間：20 分鐘

| 炸 | 鍋 |

示範影片

食材

豬大里肌…5片（厚度約1公分）

排骨醃料
蒜頭…6瓣
洋蔥…1/6顆
米酒…2大匙
醬油…3大匙
清水…150g
五香粉…0.5小匙
黑胡椒粉…2小匙
白胡椒粉…1小匙
鹽…1小匙
白砂糖…1小匙

炸粉
地瓜粉…2大匙
太白粉…1大匙

作法

❶ 把排骨醃料中的所有食材倒進調理機中打碎備用。

❷ 在排骨周圍的筋膜劃數刀斷筋，炸好後才不會捲起。

❸ 將醃汁倒在排骨上，並放入冰箱冷藏醃漬1小時。

❹ 把醃好的排骨從醃汁中取出，兩種炸粉混合均勻後，倒入排骨中用手抓勻。

❺ 油溫達攝氏180度時放入排骨，分批炸以免油溫下降過多，上色後翻面，炸至兩面金黃即可，時間約2.5分鐘到3分鐘。

喋醬的叮嚀

1 下鍋時要保持高溫，由於起鍋後熱度還會繼續進到內部，炸過久容易乾柴，油溫、肉的厚度都會影響炸的成果，一開始可以先炸一片估算時間。

2 每種粉的性質不同，用地瓜粉炸出來的外皮美觀，而太白粉質地細，能與肉更緊密結合，混合兩種粉比使用單一粉的效果更好。

食材

越南春捲皮…1包
食用油…適量

豆腐雞肉餡
板豆腐…1塊（300g）
雞胸肉…100g
紅蘿蔔…30g
雞蛋…1顆
洋蔥…1/4顆
韭菜花…30g
鹽…1小匙
味噌…2小匙
薑泥…5g
太白粉…2大匙

作法

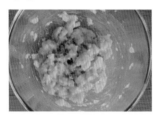

❶ 洋蔥、紅蘿蔔和韭菜花切末，接著將雞胸肉切成粗肉末，放入調理盆內，加入薑泥和味噌拌勻，靜置十分鐘。

❷ 調理盆內放入豆腐、雞肉、洋蔥丁、紅蘿蔔丁和韭菜末，將豆腐捏碎並將材料混拌均勻，接著加入太白粉和雞蛋拌勻，以鹽巴調味。

❸ 將春捲皮泡入水中，等待約三到五秒後取起，待軟化後放上雞肉豆腐餡，從下方摺起春捲皮。

❹ 接著將兩側春捲皮摺起。

❺ 將豆腐捲往前滾，這樣就一個豆腐捲就完成了，持續包到餡料用完。

❻ 起一個油鍋，以攝氏180度炸約4～5分鐘，表皮轉為金黃色後即可起鍋瀝乾，我搭配的是蔬菜沾醬（p.142），單吃也很好吃！

雞肉豆腐卷

表層是酥脆的炸春捲皮，
內餡我使用了味噌和薑泥，
不僅味道足夠，
而且非常爽口多汁，
吃好幾卷都不會膩！
這道料理起鍋後要盡早食用，
放太久表皮被餡汁浸濕就可惜囉！

無水客家香滷肉

這道是我從小吃到大的農村菜，
平時單滷五花肉，
年節到了就和全雞、高麗菜一起柴燒做成封肉，
我們會用大量的米酒燉煮出肉香，不加半滴水，
也由於紅燒過程中醬汁很少，
用壓力鍋煮才不會蒸發過多水分，
最後記得開鍋收汁，
滷肉亮晶晶的非常誘人，
它真的是我吃過最香的滷肉了！

食材

五花肉…1000g
黑豆醬油…80～100g
（視鹹度調整）
米酒…200g
黃冰糖…4大匙
蒜頭…10～12瓣
香菜…適量

作法

❶ 將五花肉切成寬約2公分的長方體豬肉，過大不易入味，過小則容易過鹹。

❷ 在壓力鍋內放入1大匙食用油，油熱後放入五花肉，適時翻面慢煸，直到豬肉表面焦黃，且鍋底累積一層豬油後，將油脂倒出。

❸ 鍋內加入黃冰糖炒至融化，接著加入蒜頭稍作拌炒。

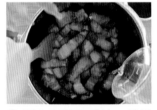

❹ 倒入米酒和醬油，並用木鏟將黏在鍋底的焦糖物質鏟起，蓋上鍋蓋，加壓完成後，轉成小火燉煮20分鐘，關火。

噗醬的叮嚀

1 步驟❷煸肉的動作非常重要，當五花肉釋出過多的油脂後，肥肉層不僅會產生彈性，而且不會膩口，利用煸出的大量豬油對豬肉進行半煎炸，滷好的豬肉香氣非常濃厚。

2 黃冰糖的精煉程度低，風味也更為豐富多元，是滷肉上糖色的首選（如果沒有就用一般冰糖替代）。

❺ 待壓力釋放後打開鍋蓋，由於五花肉的油脂在高壓燉煮時會持續釋出，此時醬汁是醬色與油脂分離的狀態。

❻ 不蓋鍋蓋以中火煮至小滾，收汁到約剛開鍋的一半左右，如圖中油脂與醬油交互乳化，五花肉則是發亮的棕紅色，可以添飯囉！

🕐 料理時間：50 分鐘　　　　　　　　　🍲 |壓|力|鍋|

雪碧滷豬腳

用碳酸飲料滷豬腳非常方便，
飲料中有糖分，不需要另外加糖，
再來還有軟化肉質的效果，除了雪碧外，
也可以用可樂或蘋果西打，
不過因為含有焦糖色素，滷出來的顏色較深，
我習慣使用雪碧，滷出來的剛剛好。

食材

豬前腳…1隻（1600g）
醬油…300ml
米酒…300ml
罐裝雪碧…2瓶（660ml）
蒜頭…2球
辣椒…1根

作法

❶ 蒜球清洗掉根部泥沙，不需去皮；豬腳於冷水入鍋汆燙，水滾後取起沖洗，用菜瓜布輕刷豬皮。

❷ 將全部材料放進壓力鍋內，煮至滾後封上鍋蓋，待鍋內加壓完成後，轉小火煮 25 分鐘。

噗醬的叮嚀

1 滷豬腳前先刷去豬皮表面角質，滷出來的豬腳顏色會更亮。
2 洩壓的過程中，鍋內仍處於小滾狀態，不需再靜置一晚就已經非常入味了。

❸ 關火靜置 20 分鐘，讓鍋內慢慢洩壓到無壓力後，即可開蓋。

有鍋就能煮 ╱ 電器篇

Can be
cooked in
a pot

香菇雞肉蒸飯

這道蒸飯非常適合忙碌的主婦和上班族在平日做，
一鍋就可以解決一餐，
要做出好吃的電子鍋蒸飯有幾個小技巧，
首先煮飯時加入昆布，它可以提升飯鮮味，
另外蒜頭磨成蒜泥再使用，這樣煮出來的蒸飯，
香氣可不會輸給炒飯唷！

噗醬的叮嚀

1 煮飯的過程中溫度很
　高，如果將雞肉放進
　去煮，最後會很乾
　柴，因此先處理好
　雞肉，最後才拌入飯
　裡。
2 如果喜歡吃有脆感的
　紅蘿蔔，可改成在步
　驟⑥與雞肉和蔥綠一
　起放入。

料理時間：40 分鐘

食材

白米…2米杯
香油…3大匙
昆布…2片（長度約5公分）
薄鹽醬油…2大匙
味醂…2大匙
清水…3大匙
紅蘿蔔…1/3根
雞里肌肉…4～5條（可用雞胸替代）
香菇…2～3顆
青蔥…3根
蒜泥…2顆
鹽…1小匙

作法

❶ 將米洗乾淨後放進電子鍋的內鍋中，加入昆布及與米等量的水（份量外）。

❷ 泡米的時候先來準備食材，將紅蘿蔔刨成細絲，蒜頭磨泥，香菇切片，青蔥切成斜段，並將蔥白和蔥綠分開，雞里肌也是斜切成長片狀。

❸ 在炒鍋內下2大匙的香油，放進蔥白和香菇拌炒，香菇很會吸油，煮的時候油香會自然釋放出來。

❹ 倒入薄鹽醬油1大匙、味醂2大匙和3大匙的水，接著放入蒜泥和雞肉，以半煎煮的方式處理雞肉。

❺ 當雞肉差不多熟後，挑出雞肉，在雞肉內加入1大匙的香油保濕，放置一旁備用，將炒料和紅蘿蔔絲倒進剛剛泡米的內鍋裡，加入1大匙的醬油和1小匙的鹽巴，由於剛剛米已經浸泡過水，選擇電子鍋的快煮行程即可。

❻ 電鍋跳起後，加入雞肉、蔥綠和少許香油（份量外）拌一下，蓋上蓋子續燜五分鐘就完成了！

羽衣鮭魚飯糰

過去我帶便當時最常做的三角飯糰就是羽衣形狀，
不僅可以吃到很大片的海苔，
模樣也非常討喜，
我將鮭魚連同白米一起煮，非常省時，
如果想當做便當菜，
記得先用保鮮膜包起來再冷藏，
白飯的水分才不會流失太快喔！

食材

白米…2杯
清水…2杯
鮭魚…200g
紅藜麥…2大匙
鹽…1小匙
香油…2小匙
黑胡椒粗粒…2小撮
黑芝麻…適量
麵味露…1大匙
全形海苔…3片

作法

❶ 在鮭魚表面撒上一層薄薄的鹽巴（份量外），靜置 15 分鐘後鮭魚會滲水，沖淨並以廚房紙巾擦乾備用。

❷ 將白米與紅藜麥洗淨後，倒入電子鍋內，加入水、香油、鹽和黑胡椒，擺上鮭魚以標準模式煮飯。

❸ 當白飯煮好後，將鍋內的鮭魚切碎，並加入麵味露和黑芝麻攪拌均勻。

❹ 舀出鮭魚飯並鋪平在盤子上，等放涼到微溫狀態時再來製作飯糰。

噗醬的叮嚀

1 魚在撒鹽後，組織液會開始滲出，沖洗擦乾後再烹調，可以大幅減少魚腥味。

2 一張全形海苔可以分切成三個長方形海苔，一般來說，壽司用的海苔上面會有折線，可間隔兩等份並沿著折線切下。

羽衣三角飯糰捏法詳解

❶ 將雙手沾濕後，取約 90g 的鮭魚飯整成圓形，食譜份量約可做 8 ～ 10 個飯糰。

❷ 一手撐著飯糰底部，並適時地調整飯糰厚度，另一手呈弓形壓捏出尖角。

❸ 轉動飯糰慢慢捏出三個角，最後塑形成一個正三角形。

❹ 剪一片約略與飯糰等高的海苔，貼在飯糰的背面，兩邊朝正面折起。

❺ 用拇指將海苔底部往飯糰折，黏住飯糰底部。

❻ 完成囉，是不是很可愛呢！

日式牡蠣炊飯

這道料理我使用了日本牡蠣，
鮮甜感非常強烈，
牡蠣就是我們稱呼的蚵仔，
因為天候影響，
台灣牡蠣體型並不會養到那麼大，
使用時數量可以增加為兩至三倍唷！

料理時間：35分鐘　　　　　　　　　　　　　　 |電|鍋| · |蒸|爐|

食材

日本牡蠣…6～7顆
白米…1杯
清水…2杯
薑片…1片
芹菜末…適量
麵味露…2大匙
味醂…1大匙
清酒…1大匙
鹽…0.5小匙
香油…1小匙
昆布…1小片（5×5公分）

作法

❶ 在牡蠣上撒上適量的鹽巴（份量外），輕輕翻拌一下，接著以3%鹽水泡洗乾淨。

❷ 在電鍋內鍋中加入薑片、清水、麵味露、味醂、鹽和清酒，加熱至跳起後放入牡蠣，持續壓住開關鍵，煮至牡蠣緊縮且呈現飽滿狀，將牡蠣取出備用。

❸ 將鍋內的牡蠣高湯倒出，薑片不要，用米杯量一杯的量倒回內鍋，放入昆布、芹菜末、香油和白米，外鍋加一杯水，煮至按鍵跳起後續燜五分鐘。

❹ 開蓋放入牡蠣，再燜十分鐘讓牡蠣回溫，食用時可以撒一些海苔絲在上面！

 撲醬的叮嚀

1 洗牡蠣的方式有兩種，一種是蘿蔔泥，另一種就是鹽巴，清洗過的牡蠣外觀變得非常潔白，煮出來的湯清澈而不混濁。

2 步驟❷的水在煮滾前會因為電鍋的過熱裝置而跳起，此時需要以手動壓開關的方式煮牡蠣，這是只能使用電鍋時的處理方式，如果有爐台，先在爐台上煮牡蠣會比較方便哦！

檸汁椒鹽雞胸

雞胸肉是非常容易乾柴的食材，
快炒之前需以熱油溫泡，
如果不想準備那麼多油呢？
試試看用電鍋吧！
先將雞胸以鹽水泡過後放入電鍋，
剛好蒸熟時取出，
再與爆香過的辛香料拌勻，
這種做法雖然會失去一些香氣，
卻可以讓雞胸保持在非常軟嫩的狀態喔！

料理時間：25分鐘

電｜鍋｜·｜蒸｜爐｜

食材

雞胸肉…300g
檸檬…0.5顆
蒜頭…3瓣
青蔥…2根
辣椒…1根
鹽…0.5小匙
黑胡椒…1/3小匙
白胡椒…1/3小匙

作法

❶ 將蒜頭、辣椒和青蔥切末，雞胸肉切成厚片狀。

❷ 調一個1%的鹽水，放入雞肉後靜置20分鐘。

❸ 把雞肉從鹽水中取出，加入少許橄欖油、檸檬汁拌勻，放入預熱好的電鍋中蒸5分鐘後，開蓋拌一下，再續蒸5分鐘。

❹ 取一個平底鍋，下少許油，倒入辛香料炒香。

噗醬的叮嚀

1 鹽水部分以重量來算，食譜中使用了300g的水加上3g的鹽。

2 椒鹽使用黑白兩種胡椒，味道會更好。

3 雞肉放入電鍋蒸時，表面接觸蒸氣的地方會先熟，因此中途需開蓋將底部雞肉往上翻，若少了這個動作，當下層雞肉蒸熟時，上層雞肉已經過老了。

❺ 加入雞肉後熄火，以鹽和胡椒調味並且拌勻，完成。

黑糖蒸奶蛋糕

大家有吃過澎湖黑糖糕嗎？
這款「黑糖蒸奶蛋糕」有著類似的風味，
且比它更加地蓬鬆、柔軟，
只要一只大同電鍋就能完成！
很適合剛開始接觸烘焙的人做，
這個配方不會過於甜膩，不需要再減少糖量了呦！

食材

牛奶…60g
雞蛋…1個
黑糖…55g
鹽…1小撮
沙拉油…15g
泡打粉…4g
低筋麵粉…120g

作法

❶ 將沙拉油與牛奶放入調理盆內，再倒入打勻的雞蛋攪拌均勻。

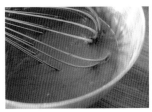

❷ 低筋麵粉、黑糖、鹽和泡打粉一邊過篩，一邊加進牛奶蛋汁中，接著將麵糊攪拌至光滑且看不見粉塊的狀態。

噗醬的叮嚀

1 黑糖需選用粉末狀的黑糖，我用的是沖繩產黑糖，若有無法過篩的顆粒狀黑糖則捨棄不用，避免結塊。

2 若將麵糊直接倒入蛋糕紙模、未放模具中，重量可能導致麵糊溢出，沒有紙模也可直接放入模具中，但須視模具大小增減電鍋蒸的時間。

❸ 把蛋糕紙模放入小杯子中，再將麵糊倒入紙模中，約七分滿即可。

❹ 放入預熱好的電鍋內蒸12分鐘，完成。

邪惡版花生烤吐司

一般在做花生吐司時，可能只會塗一道花生醬，
頂多再一層奶油，我家的花生吐司不太一樣，
一共用到五種材料，是超香的邪惡版烤吐司，
裡頭我加了片鹽，它的鹹味溫和，
也可以用好取得的粉紅鹽，但不要用精鹽，
「甜中帶點鹹」是這片吐司美味的關鍵。

食材

白吐司…1片
室溫奶油…薄薄一層
片鹽…1小撮
無糖花生醬…依個人喜好
紅冰糖…薄薄一層（可用二砂糖替代）
白芝麻…適量

噗醬 的 叮嚀

紅冰糖這類的原色糖含有礦物質，味道
豐富，換成二砂糖也可以喔！

作法

❶ 取一片吐司，塗上室溫奶油後，撒上片鹽。

❷ 接著塗上無糖花生醬、紅冰糖，最後撒上白芝麻，烤箱預熱到攝氏 190 度，烘烤10 分鐘到表面有乾裂狀。

夜市風脆皮馬鈴薯

這道是我學生時代最愛的夜市小吃之一，
馬鈴薯先煮再烤會更鬆軟，
雖然也可以用蒸的，
不過相較起來，
用鹽水煮過
比較不會有馬鈴薯特有的生味
（重點筆記！）
也能幫助入味，
最後我搭配的是自製起司醬（p.138），
或者搭配酸奶油也很不錯喔！

食材

馬鈴薯…4顆
牛番茄…2顆
培根…2片
巴西里…適量
花生油…適量（可用一般食用油替代）
自製起司醬…適量（p.138）

鹽水
水…2000ml
鹽…2大匙

作法

❶ 將馬鈴薯外皮刷洗乾淨，接著用鹽水煮約1個小時。

❷ 準備配料，番茄去皮去籽後切成小塊狀，培根煎過或烤過後切碎，新鮮巴西里切碎（或使用乾燥巴西里）。

❸ 馬鈴薯煮好後取出，待外皮乾燥後，在馬鈴薯外皮刷上花生油，撒上鹽巴，將烤箱預熱到攝氏220度，放進馬鈴薯烤20分鐘。

❹ 待馬鈴薯烤好後，趁熱切開，往中間擠出一個小洞，然後用叉子將馬鈴薯搗碎。

❺ 淋上自製起司醬，再撒上巴西里、番茄丁和培根碎，完成！

噗醬的叮嚀

在步驟❸中刷在馬鈴薯外皮的油脂，以雞油或鴨油此類動物性油脂最香，其次是花生油，若兩種都沒有，用一般食用油也沒問題。

太陽照進室內的時候,
我喜歡抓頭、揉眼、舔手手~

私藏蜜汁松阪豬

學生時代我的租屋處沒有廚房，
時常跑去有廚房的朋友家做飯，
當時寫出了這道菜，只要在前一晚醃漬好，
當天丟進烤箱就可以出菜了，
對忙碌的上班族來說，也很容易準備喔！

料理時間：25分鐘

食材

豬頸肉…230g
無糖花生醬…4小匙
香油…1大匙

醃漬料
蜂蜜…2小匙
白砂糖…4小匙
醬油…3大匙
米酒…2大匙
白芝麻…2小匙
紅蔥頭…7～10瓣
八角…半顆

作法

❶ 由於最後會逆紋切片，豬頸肉表面需順紋劃刀。

❷ 紅蔥頭切末、八角用手撥碎，接著將全部醃漬料混合後倒在豬頸肉上，按摩一下豬肉。

❸ 將豬頸肉放進保鮮盒中，上面蓋上廚房紙巾，以確保兩面都能醃漬到，倒入醃漬料並冷藏一個晚上。

❹ 稍微擦去豬頸肉表面醃料（醃漬過的醬汁留用），將香油與花生醬攪拌均勻後，塗在豬頸肉上。

噗醬的叮嚀

1 松阪豬就是所謂的豬頸肉，豬頸肉的外圍有一層厚厚的豬油脂，買到時通常都處理過了，如果覺得脂肪較多，可以先削去表面脂肪再使用。

2 花生醬和香油混合後更容易塗抹均勻，烤完後的濃郁味道，非常迷人。

❺ 將豬頸肉放在烤網上，烤箱先預熱至攝氏180度，烤20分鐘，取出切片後撒白芝麻，完成！

醃漬過的醬汁混合少許蠔油以後，放入湯鍋中小火煮至收汁就是現成沾醬了，蠔油可以幫助醬汁稠化，補充鮮味和鹹味，讓原本的醬汁不至於太甜！

春蔬起司蛋披薩

這道春蔬起司蛋披薩，
是改良自我上本書中的義式烤蛋（Frittata），
將烘烤的時間稍微拉長，
最外圍的蛋皮會逐漸轉為黃褐色，
形成披薩的「餅邊」，是不是真的很像披薩呢？
它原本是一道義式家常菜，配料很自由的，
大家翻翻看自己的冰箱，清一清剩下的食材吧！

食材

＊使用20公分的披薩烤盤

雞蛋…5顆
馬鈴薯…1顆
紅椒…1/4顆
洋蔥…1/4顆
番茄…1顆
奶油…15g
牛奶…20g（鮮奶油亦可）
鹽…2/3小匙
黑胡椒粗粒…適量
起司絲…1小把
起司片…2片
巴西里…適量

作法

❶ 將紅椒、馬鈴薯和洋蔥分別切成小丁，番茄則隨意切成大塊，在烤盤內下奶油，放入紅椒丁、馬鈴薯丁和洋蔥丁炒熟，接著以黑胡椒和鹽巴調味，熄火。

❷ 將雞蛋加入牛奶、兩小撮的鹽巴（份量外）打勻後，倒入煎鍋內與炒料混合。

❸ 接著在表面鋪上番茄和起司絲，烤箱先預熱好，將烤盤放進烤箱中，以攝氏 200 度烘烤 20 分鐘。

❹ 將烤盤取出，放上撕成小片狀的起司片、巴西里，再進烤箱烤至起司融化即可。

噗醬的叮嚀

烘烤時周圍接觸烤盤的部分受熱較快，因此會最先膨起，等到中間也膨起的時候，就代表蛋已經烤好了，如果手邊有義式綜合香料也可以加入，能夠降低奶製品的膩味。

虱目魚幽庵燒

烤魚是我家的餐桌日常，比起煎魚油煙少上許多，
烤好的魚皮脆肉嫩，非常好吃，
常見的日式烤魚有西京燒、蒲燒、照燒等七種，
今天要來做一種比較少見的幽庵燒！

幽庵燒，一種將魚泡在醬油和柑橘類醬汁中醃漬後燒烤的魚料理，
醬汁稱為「幽庵地」，由於醬汁中含有果汁，
烤出來的風味更加清爽，非常適合虱目魚這類油脂豐富的魚，
時間足夠的話，建議要醃漬過夜！

食材

虱目魚肚…1片（150g）

醃漬汁

清酒…1.5大匙

醬油…1大匙

味醂…1大匙

香橙汁…1/2顆

檸檬汁…1/3顆

橙皮屑…少許（或檸檬皮屑）

作法

❶ 虱目魚肚分切為數塊，將醃漬汁
材料混勻後加入（高度需超過魚
肉），放入冰箱冷藏一晚。

❷ 取出魚肚並擦乾表面汁液，並在
魚皮刷上香油（份量外）。

❸ 魚皮面朝上放入預熱過的烤箱，
以攝氏200度烤約20分鐘，完
成！

噗醬的叮嚀

在醃漬魚肚前，可在魚
皮撒上少量的鹽，靜置
約30分鐘後沖洗擦乾，
醃漬時會更容易入味。

洋食風培根洋蔥

這道菜製作起來非常簡單，
味道也很棒，
只要簡單利用氣炸鍋就能完成囉！

食材

培根…2片
紫洋蔥…1顆
小洋蔥…6顆（可省略）
橄欖油…2大匙
蒜粉…1/2小匙
黑胡椒粗粒…少許
麵味露…2大匙
蝦夷蔥末…適量（可省略）

作法

❶ 將小洋蔥對半，紫洋蔥切成八分之一等份，放在烤盤上，撒上蒜粉及黑胡椒後，淋上橄欖油。

❷ 氣炸鍋不需預熱，以攝氏 190 度烤 15 分鐘。

❸ 在洋蔥上面鋪上培根，以攝氏 220 度續烤 6 ～ 7 分，取出培根切碎，連同蝦夷蔥撒在洋蔥上，最後，淋上麵味露，完成。

噗醬的叮嚀

蝦夷蔥又名細香蔥，香氣清新，且無一般青蔥的辣味，可在日系超市或花市取得。

輕鬆做小菜

Can be

cooked in

a pot

簡易泡菜

和以辣醬為基底的韓式泡菜不同，
台式泡菜是以醋糖水和辛香料醃漬，
屬於淺漬型的蔬菜，
不需要經過發酵，
口味清爽，而且現做就可以現吃呢！

料理時間：15分鐘

 輕 | 鬆 | 做 | 小 | 菜 |

食材

高麗菜…約5～6片
　（300g）
紅蘿蔔…數片
鹽…2小匙
白醋…120ml
白砂糖…100ml
辣椒…1根
蒜頭…3顆

作法

❶ 蒜頭連皮拍裂，紅蘿蔔切成長方片，高麗菜的葉片剝下後，手撕成小塊狀，粗梗的部分則斜刀切片。

❷ 將紅蘿蔔和高麗菜放進調理盆內，倒入鹽巴用手抓勻，靜置20分鐘脫水。

噗醬的叮嚀

1 高麗菜以手撕成片時，纖維會呈現不規則的裂口，醃漬更能入味，而粗梗斜刀切片，增加裂口面積同樣能加速軟化並幫助入味。

2 由於還要保持高麗菜的脆度，因此當鹽巴醃漬脫水後，不需要擠去水分，沖淨就可以了。

3 白醋的用量可能不足以讓砂糖完全溶解，不過靜置的過程中還會釋出水分，砂糖也會慢慢溶解。

❸ 倒掉蔬菜所脫出的水分後，再用清水沖掉高麗菜表層的鹽水，接著將白醋、砂糖、辣椒和蒜頭放入密封罐中，攪拌讓砂糖溶解。

❹ 將高麗菜和紅蘿蔔放入密封罐中，來回倒立密封罐數次，讓醋汁均勻流到葉面上，靜置20分鐘就可以吃了，放一晚味道又更不同喔！

日式漬蘿蔔

這道漬蘿蔔做好後，
可以放冷藏一段時間，
是非常方便的常備菜，
醃漬時砂糖是食材的3%，
鹽巴則是砂糖的一半，
是不是很好記呢？

食材

白蘿蔔…1/4根（400g）
鹽…6g
白砂糖…12g（第一次醃漬用）
白砂糖…3小匙（第二次醃漬用）
蜂蜜…2小匙
白醋…2大匙
檸檬…1大匙

作法

❶ 將白蘿蔔切成圓片，再切成四分之一
的扇形。

❷ 蘿蔔片加入砂糖和鹽巴拌勻，蓋上重
物脫水約 1 個小時。

❸ 將蘿蔔擠去水分後以清水沖過，砂
糖、蜂蜜、檸檬和白醋攪拌至溶解後加
入蘿蔔中，放入一顆梅子，並削一些檸
檬皮加入，醃漬一晚即可。

噗醬的叮嚀

1 蔬果在淺漬時有個重點，就是食材必
　須先脫水，這樣才能很好的吸收醃漬
　液，讓味道更為融合。

2 如果沒有檸檬刨刀削檸檬皮，也可以
　用廚刀切下檸檬皮，要避免切的太
　厚，皮下白色的部分有苦味。

客家油蔥豆芽

每次回美濃吃粄條的時候，
都會點上一盤韭菜豆芽，
其實平時沒有特別喜歡豆芽，
但超級香的油蔥酥，
加上豆芽脆脆的口感，
很容易吃個不停，
這次我把作法精簡，
將豆芽用熱泡方式完成，
另外別忘了黑醋這個靈魂調味料囉！

食材

綠豆芽…100g
醬油…1小匙
黑醋…1小匙
自製蔥油酥…1小匙
鹽…1小撮

作法

將豆芽挑去根部，泡入攝氏 80 度以上的
熱水中，約 2 分鐘後取出並與調味料拌勻，
撒上油蔥酥（p.146），完成！

糖漬小黃瓜

我第一次吃到這種甜甜的小黃瓜片，
是在彰化員林吃米糕的時候，
這種非筒型的碗裝米糕，
讓我第一次真正地愛上米糕，
夾起盛在碗邊的小黃瓜搭著吃，
一口甜一口鹹，欲罷不能，
從此我家餐桌就多了這麼一道糖漬小黃瓜，
尤其搭配油膩的食物，特別適合！

食材

小黃瓜…1條
鹽…0.5小匙
白砂糖…1大匙

作法

❶ 將小黃瓜切成薄圓片後，撒入鹽巴拌勻，
等待 15 分鐘脫水。

❷ 當小黃瓜軟化後，用力擠掉水分，並以過
濾水沖掉鹽巴，加入砂糖拌勻，靜置約 10
分鐘後即可食用。

| 輕 | 鬆 | 做 | 小 | 菜 |

味噌溏心蛋

我的上一本書寫的是蛋料理，
當時就有一道溏心蛋，
也比較了各種時間下蛋黃的溏心狀態，
其實溏心蛋還可以有很多變化，
像這道味噌溏心蛋，
與醬油醃漬的溏心蛋相比，
味道和層次各不相同，
偷偷跟大家說，
這道菜跟日本酒很搭唷！

食材

溏心蛋…3顆

味噌醃料
西京白味噌…50g
清水…20g
味醂…2小匙

作法

❶ 雞蛋放入滾水中，煮七分鐘後取
出，放進冰水降溫，剝去外殼即
為溏心蛋。

❷ 將味噌醃料混勻後放入密封袋
中，再放入溏心蛋，冷藏醃漬一
晚即可食用。

噗醬的叮嚀

西京白味噌屬於甜味噌，不需要另
外加糖，若使用像是信州味噌這類
鹹度高的味噌，需要加糖中和鹹
度。

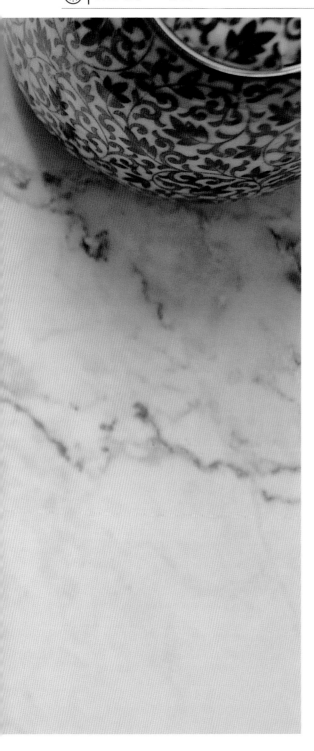

料理時間：20 分鐘

醋漬蘿蔔絲

這道是日本年節時
會出現的御節（おせち）料理，
帶有平和的意味，
而且顏色非常好看，
一般淺漬前都會用鹽巴脫水，
因此需要清洗掉鹽分，
這次我放的鹽量並不多，
也就不需要再沖洗囉！

食材

白蘿蔔絲⋯150g
紅蘿蔔絲⋯30g
糯米醋⋯50ml
白砂糖⋯6小匙
鹽⋯0.5小匙
橙皮⋯少許（可省略）

作法

❶ 紅白蘿蔔切絲後全數放入碗中，
加入鹽拌勻並等待 10 分鐘脫水，
然後將脫出的水分倒掉。

❷ 將砂糖加入醋中，攪拌至溶解後
倒入蘿蔔絲，裝入密封盒中冷藏
一晚，食用前可以削些橙皮，多
了柑橘香氣更迷人！

 噗醬 的 叮嚀

白蘿蔔絲與紅蘿蔔絲的比例約為
5：1，配色起來比較好看。

簡單做甜點

Can be

cooked in

a pot

料理時間：25分鐘

 |甜|點|

芒果伯爵奶酪

食材（可做3個布丁杯）

伯爵茶包⋯4包
清水⋯100g
牛奶⋯250g
鮮奶油⋯100g
黃方糖⋯20g（可用白砂糖替代）
吉利丁片⋯6g
愛文芒果⋯1顆

作法

❶ 將芒果去皮後取下果肉，一半打成泥，另一半切成方塊狀備用。

❷ 鍋內加入水和伯爵茶包，煮至深褐色後，加入牛奶及方糖，持續加熱至鍋邊冒泡，熄火，蓋上鍋蓋續泡10分鐘。

❸ 加入事先泡過冷水的吉利丁，吉利丁融化後，加入鮮奶油攪拌均勻並倒入布丁杯中，放入冰箱冷藏，冰鎮半天以上會凝固，此時再取出並淋上芒果醬，放上芒果塊及裝飾用的薄荷，完成！

京都蕨餅

蕨餅是用本蕨粉（わらび粉）做成的日式和菓子，
它是一種以蕨菜根磨成的澱粉，
日系超市或網路上都能買到，
有些市售蕨餅粉會加入其他澱粉幫助成型，
搭配經典的黑糖蜜與黃豆粉，
就是一款非常簡單又好吃的日式點心！

料理時間：20 分鐘

|甜|點|

食材

蕨餅粉…100g
上白糖…50g（可用白砂糖替代）
清水…500ml

黑糖蜜
黑糖…70g
上白糖…20g（可用白砂糖替代）
清水…100g
熟黃豆粉…適量

作法

❶ 將蕨餅粉、上白糖和清水放入鍋中，以中火慢慢加熱，過程中需不斷攪拌，避免底部燒焦。

❷ 當鍋內開始稠化後，轉成小火並繼續攪拌，攪拌到後面麵粉團會結塊，並開始有吃力感。

❸ 當粉團從白色轉為透明時，代表澱粉已經熟化了，此時關火。

❹ 將容器內部以水沾濕，放入粉糰鋪平後，倒入冰塊水降溫。

❺ 取出整塊的蕨餅，先分切成一口大小，在盤子內倒入熟黃豆粉，放入切好的蕨餅，每面均勻沾上黃豆粉。

❻ 拍掉多餘的粉後，依照喜好淋點黑糖蜜就完成了！做好的蕨餅若放冷藏，最多勿超過半天，否則澱粉會逐漸劣化，現做現吃最好吃喔！

噗醬的叮嚀

1 倒出粉糰時，最好使用不沾模具，以冰水降溫後也會比較容易脫模取出。

2 熟黃豆粉可以直接買現成品，如果要自行製作，先將黃豆以調理機打碎，接著把豆粉炒到顏色轉深即可，並試吃看看是否還有生味。

黑糖蜜作法：將材料放進鍋中滾煮至醬汁出現亮色即可，冷藏過後會稠化。

後記／ postscript

期待本書能療癒你，
讓料理的過程越發甜香

　　一開始要將噗醬放入食譜書時，我一
點頭緒都沒有，曾經想過是否讓他和料
理一起入鏡，但又怕影響閱讀食譜的
注意力，最後決定在內頁的部分放入他
的日常，在廚房做菜的時光是孤獨的，
如果看著這本書煮飯，還能同時療癒到
你，讓過程越發甜香，那是最棒的了。

bon matin 139

有鍋就能煮

作　　　者	嘖嘖料理手帳 zeze
社　　　長	張瑩瑩
總　編　輯	蔡麗真
美 術 編 輯	林佩樺
封 面 設 計	倪旻鋒
責 任 編 輯	莊麗娜
行銷企畫經理	林麗紅
行 銷 企 畫	蔡逸萱，李映柔
出　　　版	野人文化股份有限公司
發　　　行	遠足文化事業股份有限公司

地址：231 新北市新店區民權路 108-2 號 9 樓
電話：（02）2218-1417
傳真：（02）86671065
電子信箱：service@bookreP.com.tw
網址：www.bookreP.com.tw
郵撥帳號：19504465 遠足文化事業股份有限公司
客服專線：0800-221-029

特 別 聲 明：有關本書的言論內容，不代表本公司／出版集團之立場與意見，文責由作者自行承擔。

讀書共和國出版集團

社　　　　　長	郭重興
發行人兼出版總監	曾大福
業 務 平 臺 總 經 理	李雪麗
業 務 平 臺 副 總 經 理	李復民
實 體 通 路 協 理	林詩富
網路暨海外通路協理	張鑫峰
特 販 通 路 協 理	陳綺瑩
印　　　務	黃禮賢、林文義
法 律 顧 問	華洋法律事務所　蘇文生律師
印　　　製	凱林彩印股份有限公司
初　　　版	2021 年 12 月 28 日
初 版 2 刷	2022 年 01 月 13 日

978-986-384-633-8（平裝）
978-986-384-637-6（EPUB）
978-986-384-639-0（PDF）

有著作權　侵害必究
歡迎團體訂購，另有優惠，請洽業務部
（02）22181417 分機 1124、1135

國家圖書館出版品預行編目（CIP）資料

有鍋就能煮 / 嘖嘖料理手帳 zeze 著 . -- 初版 . -- 新北市：野人文化股份有限公司出版：遠足文化事業股份有限公司發行 , 2022.01
216 面；17×23 公分 . -- （bon matin；139）　ISBN 978-986-384-633-8（平裝）　1. 食譜 2. 烹飪
427.1
110020163

野人文化
讀者回函卡

野人

感謝您購買《有鍋就能煮》

姓　名　　　　　　　　□女 □男　年齡

地　址

電　話　　　　　　　手機

Email

學　歷　□國中(含以下) □高中職　　□大專　　　□研究所以上
職　業　□生產/製造　□金融/商業　□傳播/廣告　□軍警/公務員
　　　　□教育/文化　□旅遊/運輸　□醫療/保健　□仲介/服務
　　　　□學生　　　□自由/家管　□其他

◆你從何處知道此書？
　□書店 □書訊 □書評 □報紙 □廣播 □電視 □網路
　□廣告DM □親友介紹 □其他

◆您在哪裡買到本書？
　□誠品書店　□誠品網路書店　□金石堂書店　□金石堂網路書店
　□博客來網路書店　□其他_____

◆你的閱讀習慣：
　□親子教養　□文學 □翻譯小說 □日文小說 □華文小說 □藝術設計
　□人文社科　□自然科學　□商業理財　□宗教哲學　□心理勵志
　□休閒生活（旅遊、瘦身、美容、園藝等）　□手工藝／DIY　□飲食／食譜
　□健康養生 □兩性 □圖文書／漫畫 □其他

◆你對本書的評價：（請填代號，1. 非常滿意　2. 滿意　3. 尚可　4. 待改進）
　書名_____封面設計_____版面編排_____印刷_____內容_____
　整體評價_____

◆希望我們為您增加什麼樣的內容：

◆你對本書的建議：

23141
新北市新店區民權路108-2號9樓
野人文化股份有限公司 收

野人

書名：有鍋就能煮

書號：bon matin 139

 Hi!BeBé 廚房

(주)베베푸드코리아 寶寶福德
bebefoodkorea

O'homage

矽膠餐墊 Silicone Base Plate
以優雅感性美麗的浮雕
細緻紋理和復古的風格
將質感與美學注入您的生活

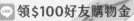 領 $100 好友購物金　 寶寶食譜分享　 購 物 網 站

INSTAGRAM
HIBEBEI4U

Hi!BeBé
親 子 購 物
FIND US ONLINE